信息技术
实用软件

钟 倩 许鸿儒 田 帅 主编

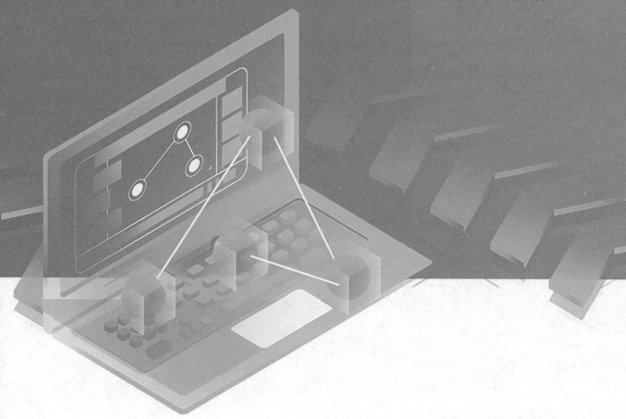

中国农业出版社
北 京

内容简介

XINXI JISHU SHIYONG RUANJIAN

　　本书依据《中等职业学校计算机应用专业教学标准》，以项目引领的课程模式，结合大量的图示、清晰的操作步骤，详细介绍了信息技术实用工具软件的安装、使用方法，帮助读者快速地掌握常用工具软件的操作。全书共七个项目，主要包括常用工具软件基础、文件管理工具、网页浏览与通信工具、图像管理工具、音视频播放及编辑工具、安全防护软件和系统安装及管理软件。

　　本书可作为中等职业学校计算机类专业相关课程的教材或教学参考书，也可作为计算机操作初学者培训用书。

本书编者名单

主　编　钟　倩　许鸿儒　田　帅
副主编　蔡永阳　陈万常　赵艳春
编　者　高　伟　胡延平　赵晓红

前 言 FOREWORD

　　二十一世纪是信息时代，随着计算机的普及，各种自动化软件在我们的工作和学习中广泛应用。党的二十大报告强调，推动战略性新兴产业融合集群发展，构建新一代信息技术、人工智能、生物技术、新能源、新材料、高端装备、绿色环保等一批新的增长引擎。党的二十大报告为我国新一代信息技术产业发展指明了方向，我们深感责任重大、使命光荣。新一代信息技术高速发展，不仅为我国加快推进制造强国、网络强国和数字中国建设提供了坚实有力的支撑，而且将促进百行千业升级蝶变，成为推动我国经济高质量发展的新动能。如何适应新一代信息技术产业发展？办法就是尽快学习信息技术实用工具软件。为了帮助读者更快、更轻松地认识和学习信息技术工具软件，本书选取当下较为常用且功能全面的软件，覆盖文档、音频、视频等方面，结合大量的图示及清晰的操作步骤，易学易用，带领读者快速掌握信息技术实用工具软件。

　　● 本书特色

　　1. 项目实用。在教学项目的划分上，以激发学生的学习兴趣为出发点，降低理论难度，突出操作技巧。

　　2. 软件常用。结合日常生活、工作需求，选取当下较为常用且功能全面的软件，让读者一学就会。

　　3. 功能够用。计算机软件功能复杂，各种软件存在功能重复、冗杂等问题，本书选取软件中主要特色功能进行操作步骤讲解。

　　● 结构安排

　　项目一：常用工具软件基础。通过本项目的学习，读者可以了解工具软件的获取方法；掌握工具软件的安装和卸载方法。

　　项目二：文件管理工具。通过本项目的学习，读者可以认识文件处理常用的操作软件；掌握文件的处理、压缩等操作。

　　项目三：网页浏览与通信工具。通过本项目的学习，读者可以了解网页浏览工具，电子邮件、微信等通信工具；掌握 Chrome 浏览器，电子邮件等的使用。

项目四：图像管理工具。通过本项目的学习，读者可以认识图片查看、编辑类软件；掌握截图、图片处理等方法。

项目五：音视频播放及编辑工具。通过本项目的学习，读者可以了解音视频常见处理方式，掌握音视频编辑方法。

项目六：安全防护软件。通过本项目的学习，读者可以了解计算机日常防护措施；掌握 Windows Defender、火绒的操作方法。

项目七：系统安装及管理软件。通过本项目的学习，读者可以了解计算机系统的安装与管理；掌握虚拟机的使用；掌握计算机系统的安装、驱动安装、硬盘分区和备份。

● 课时安排

本课程按照 72 课时设计，授课与上机按照 1∶1 分配，课后练习可单独安排课时。本书各模块教学内容和课时分配建议如下（教学中可根据具体情况调整）：

课程内容	知识讲解（课时）	动手时间（课时）	合计（课时）
项目一：常用工具软件基础	4	4	8
项目二：文件管理工具	4	4	8
项目三：网页浏览与通信工具	6	6	12
项目四：图像管理工具	4	4	8
项目五：音视频播放及编辑工具	6	6	12
项目六：安全防护软件	6	6	12
项目七：系统安装及管理软件	6	6	12
总计			72

本书由山东省济宁市高级职业学校钟倩、许鸿儒、田帅担任主编；蔡永阳、陈万常、赵艳春担任副主编。参加编写的人员有高伟、胡延平、赵晓红。钟倩担任全书的主审。

由于编者水平有限，书中难免有不足之处，恳请广大读者提出宝贵意见，以便进一步修改完善。

编　者

2023 年 5 月

目 录 CONTENTS

项目一 XIANGMUYI

常用工具软件基础

📌项目概述

在我们日常工作和生活中，计算机是我们必不可少的工具，我们可以利用计算机安装的各类工具软件来完成各种不同的任务，从系统的安装、网站的浏览到影音文件的播放、截取和格式转换等，都离不开工具软件。本项目将介绍常用工具软件的分类、获取、安装、卸载和更新的方法与技巧。

📌项目重点

1. 软件的分类。
2. 软件的获取。
3. 软件的安装。
4. 软件的卸载。

📌项目目标

1. 了解软件的分类。
2. 掌握软件的获取方式。
3. 掌握常用软件的安装和卸载方法。

任务1　常用工具软件及分类

🌐 任务概述

工具软件是在使用计算机进行工作和学习时经常用到的软件，是和系统软件相对应的，用来辅助计算机软件开发、维护和管理的软件。常用的工具软件有多种类型，在本任务中，我们将详细介绍工具软件的分类。

⌨ 任务重点

一、软件基础知识

软件是指一系列按照特定顺序组织的计算机数据和指令的集合。软件包含程序、数据结构、程序开发维护和使用有关的图文材料。按应用范围划分，一般来讲，软件被划分为系统软件、应用软件这两种类型。

（一）系统软件

系统软件负责管理计算机系统中各种独立的硬件，使它们可以协调工作。系统软件使得计算机使用者和其他软件将计算机当作一个整体而不需要顾及底层每个硬件是如何工作的，为计算机使用提供最基本的功能，系统软件可分为操作系统软件、语言处理软件（C；C++等）、数据库管理系统（Oracle、SQLServer 等）、计算机辅助程序软件等四种，其中操作系统软件是最基本的软件。

1. 操作系统软件　操作系统软件是最重要的系统软件，是所有软件正常运行的平台，

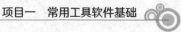

是一种管理计算机硬件与软件资源的程序，同时也是计算机系统的内核与基石。操作系统身负诸如管理与配置内存、决定系统资源供需的优先次序、控制输入与输出设备、操作网络与管理文件系统等基本事务。操作系统也是计算机硬件和其他软件的接口，当前市面上有多种操作系统，根据应用领域、用户数量、源码开放情况的不同，可将操作系统分为以下几种类型。

（1）按照应用领域分类。

①桌面操作系统。桌面操作系统，顾名思义，是具有图形化界面的操作系统。在桌面操作系统诞生之前，最有名的操作系统就是 DOS，但是 DOS 的操作界面十分不友好，全是 DOS 命令。为此微软公司推出了图形界面操作系统 Windows 系列，随着 IT 技术的不断发展，直到今天 Windows、Mac OS、Linux 形成三足鼎立的局面。目前具有代表性的桌面操作系统是微软的 Windows 系列，如图 1-1 所示，Mac OS X 系列。

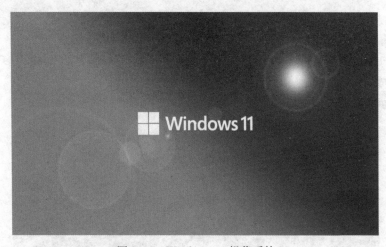

图 1-1　Windows 11 操作系统

②服务器操作系统。服务器操作系统一般指的是安装在大型计算机上的操作系统。相对于桌面操作系统，服务器操作系统要承担额外的管理、配置、稳定、安全保证等功能。

目前具有代表性的服务器操作系统有 Windows Server、Netware、UNIX、Linux。

③嵌入式操作系统。嵌入式操作系统是一种用途广泛的系统软件，通常包括与硬件相关的底层驱动软件、系统内核、设备驱动接口、通信协议、图形界面、标准化浏览器等。

目前具有代表性的嵌入式操作系统有嵌入式实时操作系统 uC/OS-II；嵌入式 Linux；Windows Embedded VxWorks，以及应用在智能手机和平板计算机上的 Android；IOS 等，如图 1-2 所示。

（2）按照所支持用户数分类。根据在同一时间使用计算机用户的多少，操作系统可分为单用户操作系统和多用户操作系统。

①单用户操作系统。单用户操作系统是指一台计算机在同一时间只能由一个用户使用，一个用户独自享用系统的全部硬件和软件资源。

项目一

常用工具软件基础

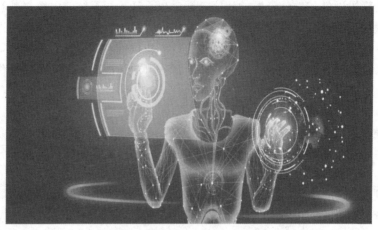

图1-2　人工智能

目前具有代表性的单用户操作系统有 MSDOS、OS/2、Windows。

②多用户操作系统。同一时间允许多个用户同时使用计算机，则称为多用户操作系统。如图 1-3 所示。

目前具有代表性的多用户操作系统有 UNIX、Linux、MVS。

图1-3　深度数据挖掘

（3）按照源码开放程度分类。

①开源操作系统。开源操作系统（Open Source Operating System），就是公开源代码的操作系统软件。可以遵循开源协议（GNU）进行使用、编译和再发布。在遵守 GNU 协议的前提下，任何人都可以免费使用，随意控制软件的运行方式。

目前具有代表性的开源操作系统有 Linux、FreeBSD。

②闭源操作系统。闭源操作系统和开源操作系统相反，指的是不开放源代码的操作系统。

目前具有代表性的闭源操作系统有 Mac OS X、Windows。

2. 语言处理软件　语言处理软件是将应用软件翻译成计算机能识别的语言，应用软件通常都是由高级语言编写，而这些成千上万条由高级语言编写的程序，计算机内部的 CPU 是不认识的，必须由语言处理软件转换为计算机能直接读取的机器语言，才能运行应用软件。比如汇编语言编译器、C 语言编译器等都是这类软件。

3. 数据库管理软件　数据库管理软件是将大量数据有组织、动态的存储起来，方便查阅和检索。数据库管理软件，不仅提供创建数据库的功能，还提供管理和维护数据库的功能，比如 Access、Oracle、Sybase 等都是这类软件。如图 1-4 所示为 Sybase 数据库。

图 1-4　Sybase 数据库

4. 辅助程序软件　辅助程序软件也归为系统软件，系统辅助处理程序软件通常提供编辑程序、调试程序等功能。

（二）应用软件

系统软件并不针对某一特定应用领域，而应用软件则相反，不同的应用软件根据用户和所服务的领域提供不同的功能。应用软件是为了某种特定的用途而被开发的软件。它可以是一个特定的程序，比如一个图像浏览器。也可以是一组功能联系紧密，可以互相协作的程序的集合，比如微软的 Office 软件。

如今智能手机得到了极大的普及，运行在手机上的应用软件简称手机软件。所谓手机软件就是可以安装在手机上的软件，完善原始系统的不足与个性化。随着科技的发展，手机的功能也越来越多，越来越强大。不是像过去的那么简单死板，可以和掌上计算机相媲美。下载手机软件时还要根据手机所安装的系统来决定要下载相对应的软件。手机主流系统有 Windows Phone、IOS、Android 等。

1. 应用软件分类　不同的软件一般都有对应的软件授权，软件的用户必须在同意所使用软件的许可证的情况下才能够合法的使用软件。从另一方面来讲，特定软件的许可条款也不能够与法律相违背。依据许可方式的不同，大致可将软件区分为以下几类：

（1）专属软件。此类授权通常不允许用户随意的复制、研究、修改或传播该软件。违反此类授权通常会承担严重的法律责任。传统的商业软件公司会采用此类授权，例如微软的 Windows 和办公软件。专属软件的源码通常被公司视为私有财产而予以严密的保护。

（2）自由软件。此类授权正好与专属软件相反，赋予用户复制、研究、修改和传播该软件的权利，并提供源代码供用户自由使用，仅给予少量的其他限制。Linux、Firefox 和 OpenOffice 可作为此类软件的代表。

（3）共享软件。通常可免费的取得并使用其试用版，但在功能或使用期间上受到限制。开发者会鼓励用户付费以取得完整功能的商业版本。根据共享软件作者的授权，用户可以从各种渠道免费得到它的拷贝，也可以自由传播它。

（4）免费软件。可免费取得和转载，但并不提供源代码，也无法修改。

（5）公共软件。原作者已放弃权利，著作权过期，或作者已经不可考究的软件。使用上无任何限制。

（6）工具软件。属于应用软件的范畴，它的特点是：

①占用空间小。一般只有几兆到几十兆字节，安装后占用磁盘空间较小。

②功能单一。每个工具软件都是为了满足特定需求设计的，因此其功能单一。

③可免费使用。大部分工具软件用户可以从网上直接下载到本地计算机上使用。

2．工具软件分类

（1）文件管理工具。计算机中的程序由一个个文件组成，文件管理软件除了对文件进行常规的操作外，还要对文件进行读取、压缩、格式转换、加密保护、存储管理等其他操作。图 1-5 为格式转换软件"格式工厂"的运行界面。

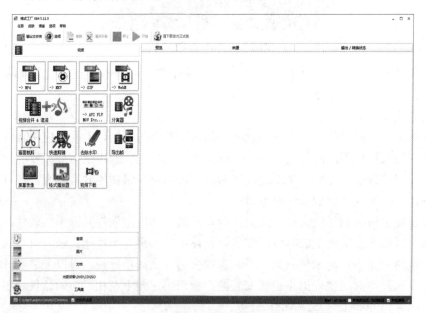

图 1-5　文件格式转换软件"格式工厂"

（2）网页浏览与通信工具。能熟练地使用网络工具、网页浏览、文件下载、电子邮箱、即时通信等等，让人们能第一时间知晓天下新闻，资料共享，还能做到即时的语音和视频聊天，大大方便了人们的生活。图 1-6 为电子邮箱管理工具"Foxmail"的运行界面。

图1-6 邮箱管理工具"Foxmail"界面

（3）图像管理工具。图形图像管理工具是我们常用的工具软件，包括图形图像的查看、编辑、截取、制作等，图1-7为屏幕截图软件"SnagIt"的主界面，这个软件可以对图像、视频和文本进行截取，支持多种模式。

图1-7 屏幕截取软件"SnagIt"界面

（4）音视频播放及编辑工具。我们平常收听广播、歌曲，观看视频、电影、电视剧都离不开音视频软件，常见的音视频播放软件有"QQ影音""腾讯视频""暴风影音"等。图1-8为"QQ影音"的运行界面。

图1-8　QQ影音

（5）安全防护软件。我们在使用计算机的过程中，会碰到各种安全问题，如病毒、木马、系统漏洞等等，如防护不当会造成不可挽回的损失，所以说杀毒、防火墙等软件对系统安全防护非常重要。图1-9为安全防护软件"火绒"的运行界面。

图1-9　安全防护软件"火绒"

（6）系统安装及磁盘管理软件。在我们日常使用计算机的过程中，经常会碰到各种各样的硬件和软件方面的问题，掌握计算机硬盘的分区，U盘启动盘的制作，系统的一键安装和备份、驱动程序的安装等工具，可以更方便地管理计算机，维护起来能大大节省时间和精力。图1-10为老毛桃U盘启动装机工具主界面，图1-11为磁盘分区工具"DiskGenius"运行界面。

图 1-10 老毛桃装机工具主界面

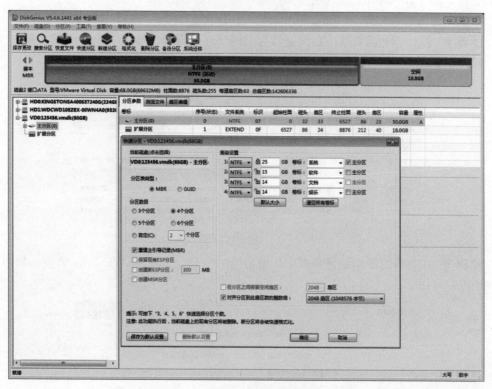

图 1-11 磁盘分区工具 "DiskGenius"

任务 2　软件的下载、安装更新和卸载

🌐 任务概述

工具软件的使用有两种模式，一种是绿色版的直接运行，另外一种是需要安装到操作系统上，不管哪种模式，首先要获得该软件的安装程序，一般是通过购买、他人分享、网络下载等几种途径获得这些程序。一些不经常使用的工具软件，占用资源比较大的，可以直接卸载，下面就详细介绍软件下载、安装、更新及卸载的方法。

📖 任务重点与实施

一、工具软件的获取途径

工具软件一般是购买正版软件、论坛上他人分享、通过网站下载等几种途径获得。正版软件可以去软件官网直接下载或购买；他人分享的可以去一些著名的论坛，如 CSDN-专业 IT 技术社区、中关村在线等；大部分的工具软件还是通过一些著名的软件下载网站下载获得，如非凡软件站、太平洋下载中心、多多软件站、西西软件园等等。

下面以邮箱管理软件"Foxmail"为例，介绍通过官网下载的具体方法：

步骤 1　打开 360 浏览器，在浏览器首页的 360 搜索框中输入"Foxmail"，单击"搜索"按钮，如图 1-12 所示。

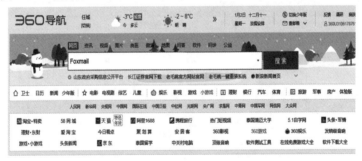

图 1-12　搜索"Foxmail"

步骤 2　在打开的搜索结果页面中，单击第一个 Foxmail for Windows 官网，如图 1-13 所示。

图 1-13　进入官网

步骤3 在 Foxmail 官网首页中，单击"立即下载"，进入下载页面，如图1-14所示。

步骤4 在下载对话框中，可对软件重命名和选择要下载的安装程序的位置，如图1-15所示。

图1-14 下载链接

图1-15 选择下载位置及命名

步骤5 单击"下载"按钮，进入下载界面，显示下载的进度和速度，如图1-16所示。

步骤6 下载完毕后，选择相应的操作，可以直接打开程序安装或者其他操作。如图1-17所示。

图1-16 下载进度

图1-17 下载完成

二、工具软件的安装方法

1. 直接安装法 对已有安装文件的工具软件来说，可以直接运行软件的安装程序，

项目一

常用工具软件基础

下面我们以下载的邮箱管理软件"Foxmail"安装文件为例，讲解一下如何安装软件。

步骤 1 双击下载的 FoxmailSetup.exe 安装程序，如图 1-18 所示。

步骤 2 在打开的对话框中，单击"运行"按钮，如图 1-19 所示。

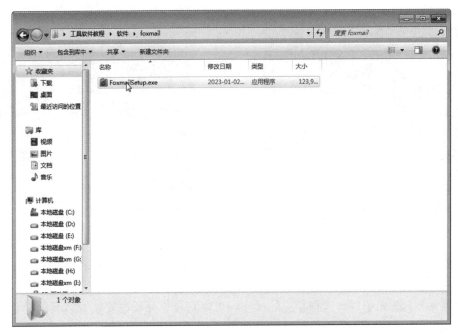

图 1-18 找到安装文件

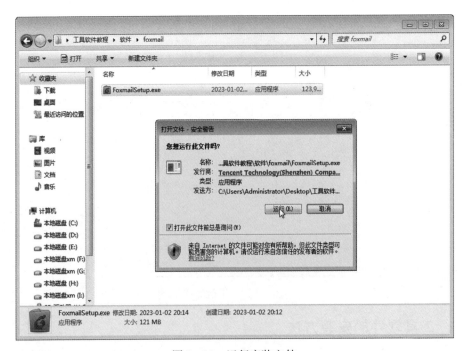

图 1-19 运行安装文件

步骤3 勾选"同意安装协议",也可以选择"自定义安装",确认安装目录后,单击"立即安装"。如图1-20、图1-21所示。

图1-20 快速安装

图1-21 自定义安装

步骤4 进入安装界面,如图1-22所示。

步骤5 安装完成,可以设置开机启动项,单击"立即运行"按钮,进入软件界面,如图1-23所示。

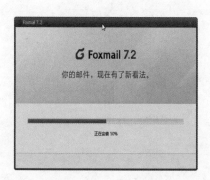

图1-22 安装界面

图1-23 进入"Foxmail"界面

2. 第三方管理软件安装法 对一些常见的工具软件，可以用计算机卫士等防护程序自带的软件管家自动安装。下面我们就以 360 安全卫士为例，介绍如何利用软件管家安装工具软件。

步骤 1　打开 360 安全卫士，单击"软件管家"按钮，如图 1-24 所示。

步骤 2　在软件管家的搜索框中输入"Foxmail"后，按"ENTER"键。如图 1-25 所示。

图 1-24　360 安全卫士

图 1-25　搜索"Foxmail"安装包

步骤3　在360软件管家的搜索结果里，单击"下载"，如图1-26所示。

步骤4　下载完成后，单击"安装"，如图1-27所示。

图1-26　下载安装包

图1-27　下载后安装

步骤5　在弹出的安装界面中，勾选"同意安装协议"，单击"快速安装"。如果要选择不同的安装目录，可以选择"自定义安装"。如图1-28所示。

步骤6　安装完成后，可以直接单击"立刻运行"按钮，也可以点"完成"退出安装界面。如图1-29所示。

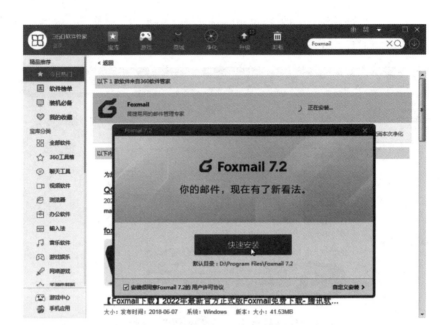

图1-28　开始安装

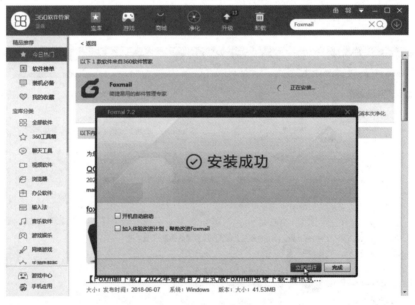

图1-29　安装完成

三、工具软件的卸载

在我们使用计算机的过程中，好多软件由于不再使用或者版本低需要更新等原因，需要卸载这些软件，一般来说，软件的卸载方法有三种，下面我们以邮箱管理工具"Foxmail"为例，分别介绍软件的卸载方法。

1. 使用软件自带的卸载程序　目前大多数的软件都自带有反安装程序，也就是卸载程序，具体操作如下：

　　步骤 **1**　单击"开始"菜单，选择"所有程序"，如图 1-30 所示。

　　步骤 **2**　在"所有程序"里，找到"Foxmail"文件夹，点开后，单击"卸载 Foxmail"，进入卸载界面。如图 1-31 所示。

图 1-30　所有程序　　　　　　　　　　　图 1-31　卸载"Foxmail"

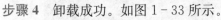

　　步骤 **3**　在卸载界面中，单击"确定"按钮，开始卸载。如图 1-32 所示。

　　步骤 **4**　卸载成功。如图 1-33 所示。

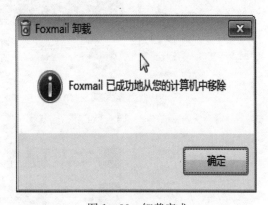

图 1-32　开始卸载　　　　　　　　　　　图 1-33　卸载完成

　　2. 第三方工具卸载　对于一些没有自带卸载功能的软件，在"开始程序"里，找不到卸载项，那我们可以利用一些第三方工具来完成卸载，如"360 安全卫士""金山卫士"等。下面以"360 安全卫士"为例，介绍如何通过第三方工具卸载"Foxmail"软件。

步骤 1 打开"360 安全卫士",单击"软件管家"。如图 1-34 所示。

步骤 2 在"软件管家"窗口中,单击"卸载"。如图 1-35 所示。

图 1-34 找到"软件管家"

图 1-35 卸载功能

步骤 3 在已安装的软件中,找到"Foxmail",选择后单击"卸载"按钮。如图 1-36 所示。

步骤 4 单击"确定"按钮开始卸载,直至完成卸载。如图 1-37 所示。

图 1-36　选择卸载"Foxmail"

图 1-37　开始卸载

3. 用系统自带的工具卸载　用 Windows 系统自带的"程序和功能"里面的"卸载或更改程序"来完成对软件的卸载。

前面介绍的方法均不能正常卸载软件的情况下，可以用 Windows 系统自带的"卸载或更改程序"来完成对软件的卸载。下面以在 Windows7 系统下，卸载"Foxmail"为例，介绍如何操作。

　　步骤 1　单击"开始"菜单。在弹出的菜单中，选择"控制面板"，单击进入。如图 1-38 所示。

　　步骤 2　在"控制面板"窗口中，单击"程序和功能"，进入"卸载或更改程序"，在已安装的程序中，找到"Foxmail"，双击后进入卸载界面。如图 1-39 所示。

图 1-38　找到"控制面板"

图 1-39　找到"Foxmail"

步骤3　在卸载窗口中，单击"确定"按钮，按提示完成卸载。如图1-40所示。

图1-40　卸载

四、工具软件的更新

软件在使用的过程中，由于开发商推出了新的版本，添加了新的功能，我们需要适时更新软件才能更方便地使用。下面以"360软件管家"为例，介绍如何更新"百度网盘"软件。

步骤1　打开"360安全卫士"，单击"软件管家"。如图1-41所示。

图1-41　找到"软件管家"

步骤 2　进入"软件管家"主界面，单击"升级"。如图 1-42 所示。

图 1-42　进入"升级"界面

步骤 3　找到待升级的软件"百度网盘"，单击"升级"按钮。如图 1-43 所示。

步骤 4　待新版本的安装文件下载完成后，单击"安装"按钮。如图 1-44 所示。

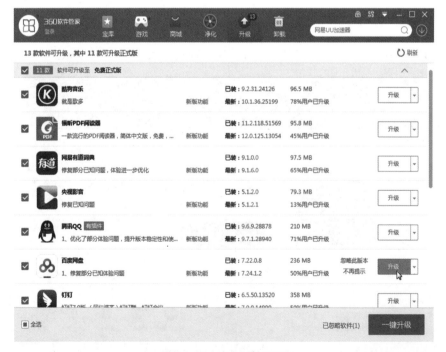

图 1-43　"升级"选项

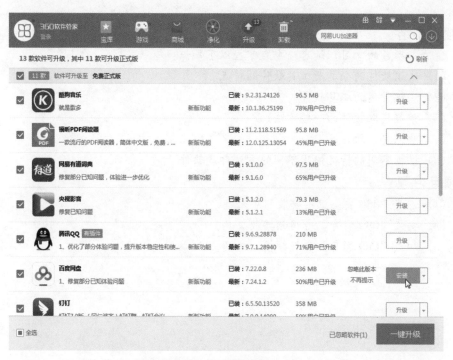

图 1-44 安装升级包

步骤5 进入升级界面，直至升级完成。如图 1-45 所示。

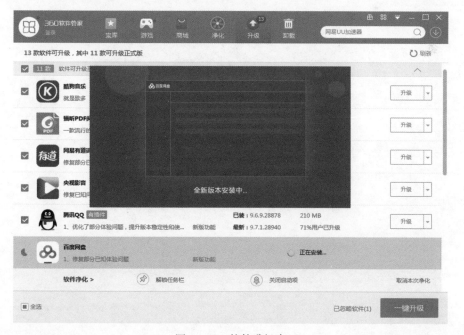

图 1-45 软件升级中

⮞项目小结

通过本项目的学习，读者应重点掌握以下知识：

（1）认识软件的分类及工具软件的特点。

（2）认识常用的工具软件。

（3）掌握获取软件的一般方法。

（4）熟练安装软件。

（5）根据不同的情况使用不同的方法卸载软件。

⮞项目习题

（1）下载"360安全卫士安装程序"。

（2）安装"QQ影音"音视频播放工具。

（3）卸载"QQ影音"音视频播放工具。

项目二 | XIANGMUER

文件管理工具

➡项目概述

日常生活和工作中，文件的查看和处理工具必不可少，例如文件的压缩、解压、加密、格式转换、存储等。本项目将介绍 WinRAR、文件夹加密超级大师、Adobe Reader、格式工厂、腾讯微云等软件及其相关功能。

➡项目重点

1. 文件压缩、解压。
2. 文件加密、解密。
3. 文件的格式转换。
4. 云存储。

➡项目目标

1. 了解文件阅读软件。
2. 掌握文件的压缩、解压。
3. 掌握文件的加密、解密。
4. 掌握常见文件的格式转换。
5. 掌握云端存储功能。

任务 1 　文件压缩：WinRAR

🌐 任务概述

将一个大容量的文件（可能一个或一个以上的文件）压缩，会产生一个较小容量的文件。这个过程称为文件压缩。

常见的压缩软件包括 WinRAR、360 压缩、7-Zip 等，现以 WinRAR 为例，介绍文件压缩相关操作，该软件是集文件压缩、加密、打包和数据备份为一体的实用软件。

⌨ 任务重点与实施

1. 压缩　安装 WinRAR 软件后，右键单击需要压缩的文件或文件夹，弹出菜单，单击"添加到压缩文件"，如图 2-1 所示。

在弹出的对话框中，输入"文件名"，选择压缩文件格式："RAR"，下拉框选择压缩方式："标准"，单击"确定"按钮，如图 2-2 所示。

（1）浏览。可通过"浏览"，选择压缩文件要存储的位置。

（2）压缩选项。可按需选择压缩文件的属性。当压缩后的文件需要发送给他人，但是对方没有打开该压缩包的软件，可勾选"创建自解压格式压缩文件"，生成扩展名为".exe"的压缩文件，对方单击即可打开。

（3）设置密码。如考虑安全性，可单击"设置密码"，在弹出的对话框中，设置密码，如图 2-3 所示，即可对压缩文件加密。对文件解压时，需输入密码才可打开。

图 2-1 添加到压缩文件

图 2-2 压缩文件名和参数

压缩进度完成后，即可生成一个压缩文件，扩展名为".rar"，如图 2-4 所示。

图 2-3 设置密码

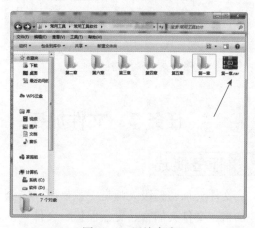

图 2-4 压缩完成

2. 解压文件 如果使用压缩包中的文件，需要通过解压操作释放文件。

右键单击需要解压的压缩包，弹出菜单，单击"用 WinRAR 打开"，如图 2-5 所示，或者左键双击需要解压的压缩包，弹出窗口，如图 2-6 所示。

图 2-5 用 WinRAR 打开

图 2-6 双击压缩包

项目二

文件管理工具

单击"解压到",弹出对话框,如图2-7所示,在目标路径中选择要存储的路径,单击"确定"按钮,解压进度完成后,即可在设置的存储位置查看到解压文件,如图2-8所示。

图2-7 解压路径和选项   图2-8 解压文件

任务2 文件加密：文件夹加密超级大师

🌐 任务概述

文件夹加密超级大师是一款易用、安全、可靠、功能强大的文件夹加密软件,具有文件加密、文件夹加密、磁盘保护、文件夹伪装、数据粉碎等丰富的功能。并且文件夹加密超级大师还可以有效防删除、防复制、防移动,让数据更加安全。

⌨ 任务重点与实施

1. 获取 通过"360软件管家"搜索"文件夹加密超级大师",如图2-9所示,单击"安装",根据安装向导安装即可,如图2-10所示。

安装完成后,打开软件,界面如图2-11所示。

2. 文件夹加密 单击"文件夹加密",弹出"浏览文件夹"对话框,选择需要加密的文件夹,如图2-12所示,设置密码,如图2-13所示,选择"加密类型",此处以"闪电加密"为例,单击"加密"按钮。

加密完成后,会在列表中显示加密文件,如图2-14所示。在原文件存储位置,会显示已经加密的文件,如图2-15所示。

如需使用原文件,双击加密的文件,弹出"打开或解密文件夹"对话框,输入密码,即可在原文件位置将文件解密,如图2-16、图2-17所示。

图 2-9 搜索软件

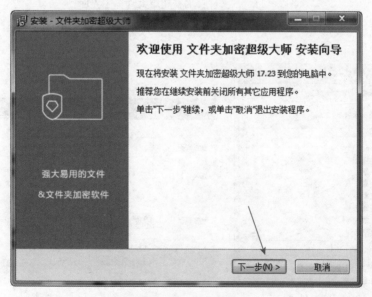

图 2-10 安装软件

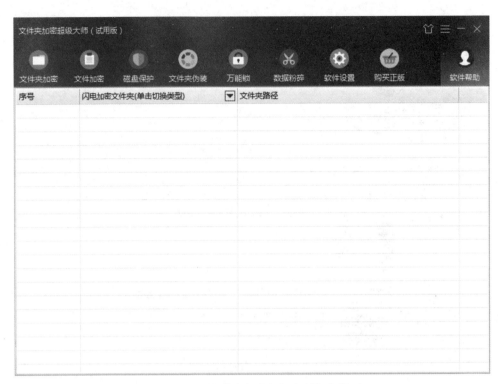

图 2-11 "文件夹加密超级大师"主界面

图 2-12 浏览文件夹

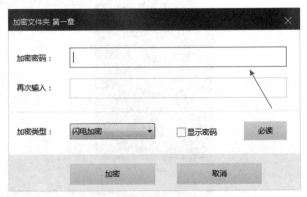

图 2-13 设置密码

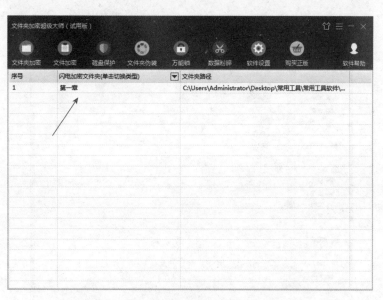

图 2-14　显示加密文件

图 2-15　已加密文件

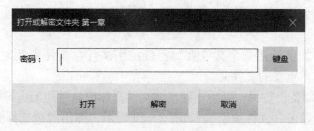

图 2-16　输入密码

图 2-17 已解密文件

加密类型：可分为闪电、隐藏、全面、金钻和移动加密。

（1）闪电、隐藏加密。这两种加密方法无论多大的文件夹，加密解密速度都快如闪电，推荐用于加密存放影视资料等的大型文件夹。

①文件夹闪电加密后，原始位置是一个索引文件，不是真正的文件夹。如需移动、备份或重命名该文件夹，请先解密，然后再进行此类操作。（默认情况下，加密的文件和文件夹是无法移动和删除的，如果可以，请重新下载安装软件。）

②这两种加密方法利用了系统特性，所以重装系统、转换加密文件夹所在分区的文件系统格式或合并分区等操作时，请先解密这两种方法加密的文件夹。

③试用版用户请牢记加密密码，试用版软件没有密码恢复功能。

（2）全面、金钻和移动加密。这三种加密方法是用国际上成熟的加密算法结合用户设置的加密密码，把文件和文件夹中的明文加密成密文，具有最高的安全性。

①请务必牢记加密密码，没有正确密码任何人无法解密。全面、金钻和移动这三种加密方法没有密码恢复功能。

②全面加密文件夹后，打开文件夹不需要密码，打开里面的任一文件都需要密码。如需解密，直接在文件夹上单击鼠标右键，选择"解密全面加密的文件夹"，输入密码后单击"解密"按钮。

③金钻和移动加密是把整个文件夹加密成加密文件，文件夹最大不能超过 4 096M（4G），适合加密非常重要的文件夹。

④建议用户及时备份数据，以防止硬盘或文件损坏等导致的无法解密等情况。

3. 文件加密 单击"文件加密"，如图 2-18 所示，弹出"请选择要加密的文件"对话框，选择需要加密的文件，如图 2-19 所示。

图 2 - 18 文件加密

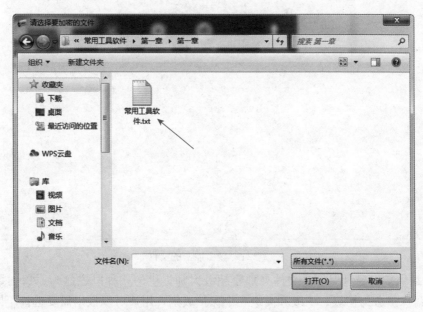

图 2 - 19 选择需要加密的文件

　　输入密码，选择加密类型，此处以"金钻加密"为例，如图 2 - 20 所示，单击"加密"按钮，完成加密后，列表中会显示加密文件，如图 2 - 21 所示。打开原文件时，会显示"输入密码"对话框，密码正确，才可打开加密的原文件。

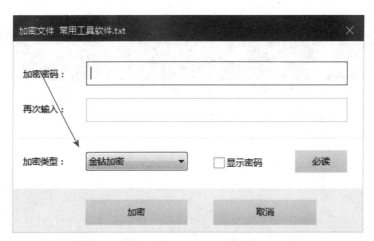

图 2-20　输入密码

图 2-21　显示加密的文件

　　4. 磁盘保护　磁盘保护是文件夹加密超级大师提供的一种以磁盘为对象的数据保护方法，磁盘保护分为初级、中级和高级三个保护级别，用户可以根据需要选择不同的保护级别。另外文件夹加密超级大师还提供了禁止使用 USB 存储设备和只读使用 USB 存储设备的功能。通过磁盘保护功能可以全方位的保护计算机里面的数据。

　　打开文件夹加密超级大师，然后单击窗口上方的"磁盘保护"，如图 2-22 所示。

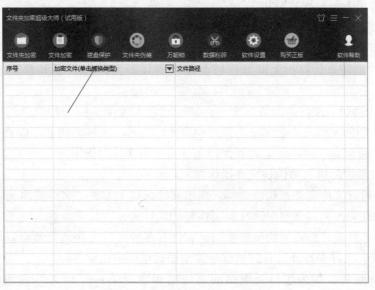

图 2-22 找到"磁盘保护"

　　在打开的"磁盘保护"对话框中，单击"添加磁盘"，如图 2-23 所示。在"添加磁盘"对话框中，选择需要保护的磁盘分区以及保护级别，然后单击"确定"按钮即可，如图 2-24 所示。

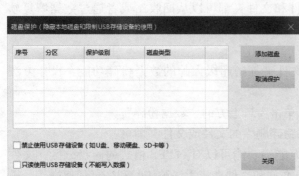

图 2-23 添加磁盘

图 2-24 选择磁盘分区以及保护级别

　　磁盘被保护后，在资源管理器中看不到，也无法访问。保护的级别越高，安全性就越高。如需使用磁盘里面的文件，请先取消保护。

　　注：受系统限制，Windows 8 及以上系统无法使用高级保护。

　　解除磁盘保护也非常简单，在"磁盘保护"对话框选择需要解除的"磁盘"，然后单击"取消保护"即可。

　　【禁止使用 USB 存储设备和只读使用 USB 存储设备的功能】

　　如果启用了"禁止使用 USB 存储设备"功能，计算机上插入任何 U 盘和移动硬盘将没有任何反应，也就是说，U 盘和移动硬盘无法在计算机上使用，通过这种方法可以有效地防止计算机上的数据被泄漏。

如果启用了"只读使用 USB 存储设备"功能，计算机上插入的所有 U 盘和移动硬盘，可以打开和使用，但无法在 U 盘和移动硬盘里面新建或者复制文件。通过该功能，不仅可以有效地防止计算机上的数据被泄漏，而且不会影响 U 盘和移动硬盘上数据的使用。

5. 文件夹伪装 文件夹伪装是文件夹加密超级大师提供的一种简单的文件夹保护方法。打开伪装后的文件夹，是无法看到里面真实的内容。文件夹伪装不能算是一种文件夹加密方法，但可以在一定程度上起到保护文件夹里面文件的作用。

用文件夹加密超级大师伪装文件操作如下：

步骤 1 打开文件夹加密超级大师，单击软件窗口上方的"文件夹伪装"。

步骤 2 在弹出的对话框中选择需要伪装的文件夹。

步骤 3 选择文件夹需要伪装的类型。软件有多种文件夹伪装类型可以选择，如果选择了控制面板，文件夹打开后看到的就是控制面板里面的内容。

文件夹伪装后，如果想打开里面的文件也非常简单：打开文件夹加密超级大师，在窗口下方的选择框中选择"伪装文件夹"，然后在窗口列表上就会显示计算机上所有的文件夹伪装记录。单击需要打开的伪装记录，文件夹就以正常模式打开了，就可以正常打开和使用里面的文件。打开的文件夹关闭后，文件夹就自动恢复到伪装状态。

如果需要解除文件夹伪装，在文件夹伪装记录上单击鼠标右键，在弹出的菜单里面选择"解除伪装"即可。

6. 数据粉碎 在计算机上删除的文件和文件夹都可以从回收站或者通过数据恢复软件进行恢复。删除的一些隐私文件可能会被其他人恢复，从而导致个人隐私被泄漏，这样就存在着很大的安全隐患。

为了避免出现这种情况，可以使用文件夹加密超级大师的数据粉碎功能，操作方法如下：

步骤 1 打开文件夹加密超级大师，单击窗口上方的"数据粉碎"。

步骤 2 在弹出的对话框中选择需要粉碎删除的文件或文件夹即可。

7. 万能锁 文件夹加密超级大师的万能锁功能可以对 NTFS 格式的磁盘分区、文件和文件夹进行加锁，加锁后的磁盘分区、文件和文件夹将无法被访问和进行任何操作。操作方法如下：

步骤 1 打开文件夹加密超级大师，单击窗口上方的"万能锁"。

步骤 2 在弹出的对话框中单击"浏览"，选择需要加锁或解锁的文件、文件夹或者磁盘分区，如果是加锁就单击"加锁"按钮，如果需要解锁就单击"解锁"按钮，如图 2-25所示。

加锁后的文件、文件夹或磁盘双击打开或者进行其他操作时会出现类似下面的提示，如图 2-26 所示。

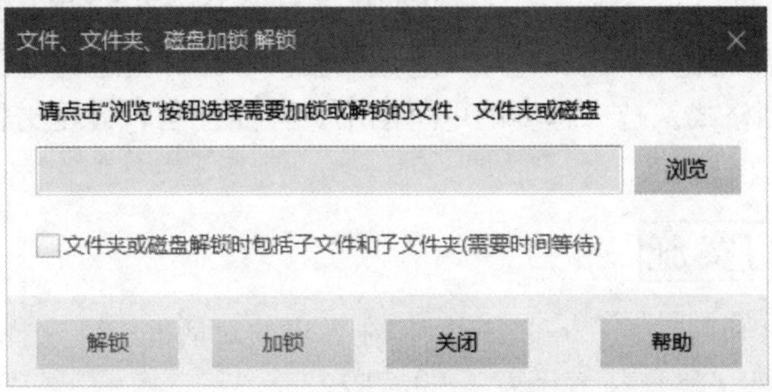

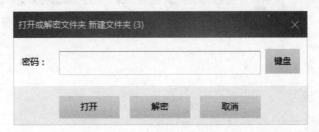

图 2-25 文件、文件夹、磁盘"加锁""解锁"

图 2-26 打开或解密文件夹

任务3 文件阅读：Adobe Reader

任务概述

Adobe Reader（也被称为 Acrobat Reader）是美国 Adobe 公司开发的一款优秀的 PDF 文件阅读软件。文档的撰写者可以向任何人分发自己制作（通过 Adobe Reader 制作）的 PDF 文档而不用担心被恶意篡改。软件界面如图 2-27 所示。

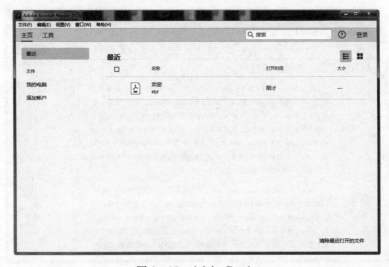

图 2-27 Adobe Reader

PDF（Portable Document Format）文件格式是 Adobe 公司开发的电子文件格式。这种文件格式与操作系统无关，这一特点使它成为在 Internet 上进行电子文档发行和数字化信息传播的理想文档格式。越来越多的电子图书、产品说明、公司文告、网络资料、电子邮件正在使用 PDF 文件格式。

任务重点与实施

单击"文件→打开"，如图 2‑28 所示，在弹出的对话框中，选择需要查看的 PDF 文件或者右击 PDF 文件选择打开方式为 Adobe Reader。

图 2‑28　打开文件

在阅读界面，可进行保存、打印、放大、缩小、注释、高亮文本等操作，如图 2‑29 所示。

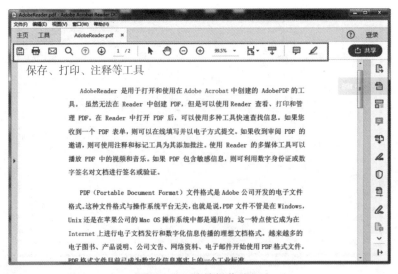

图 2‑29　快捷操作按钮

在主界面，单击"工具"，可查看相关 PDF 工具，如图 2-30 所示。

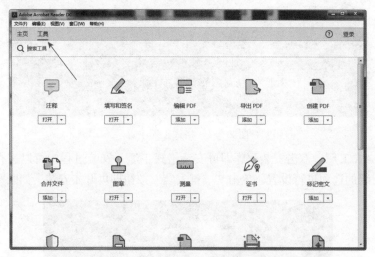

图 2-30　工具选项

在 Adobe Reader X10 之前，Adobe Reader 都只有单纯的浏览功能，而 Adobe Reader X10 在真正意义上加入了部分编辑功能，在一定程度上可以对 PDF 文档进行编辑。加注释、加高亮、PDF 文档转文本文档（txt 文件）、其他文档转 PDF 文档（需要注册）等。

任务 4　文件格式转换：格式工厂

任务概述

格式工厂（Format Factory）致力于帮用户更好地解决文件使用问题，可以将视频、音频、图片和文档等文件进行格式上的转换。其具有以下特点：

（1）可以将所有类型视频转到 MP4、3GP、AVI、MKV、WMV、MPG、VOB、FLV、SWF、MOV、WEBM 等，支持 RMVB（RMVB 需要安装 Realplayer 或相关的译码器）、XV（迅雷独有的文件格式）转换成其他格式。

（2）可以将所有类型音频转到 MP3、WMA、FLAC、AAC、MMF、AMR、M4A、M4R、OGG、MP2、WAV 等。

（3）可以将所有类型图片转到 JPG、PNG、ICO、BMP、GIF、TIF、PCX、TGA 等。

（4）转换 DVD 到视频文件，转换音乐 CD 到音频文件。DVD/CD 转到 ISO/CSO，ISO 与 CSO 互转。

任务重点与实施

1. 下载格式工厂　通过登录格式工厂官方网站可以进入下载页面。单击"立即下载"按钮即可下载安装程序。如图 2-31 所示。

图 2-31　格式工厂主页

2. 安装格式工厂　双击安装程序即可安装格式工厂。安装过程中可以进行自定义安装路径,对各安装的选项进行设置。单击"一键安装"按钮即可开始安装。如图 2-32 所示。

图 2-32　"安装"选项

安装后,单击"下一步"按钮,如图 2-33 所示,然后再单击"立即体验"按钮,如图 2-34 所示,即可进入软件界面,如图 2-35 所示。

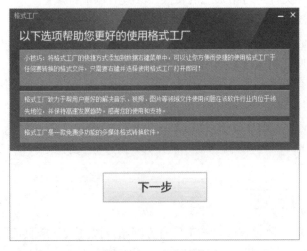

图 2-33　安装过程

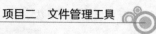

图 2-34　安装完成

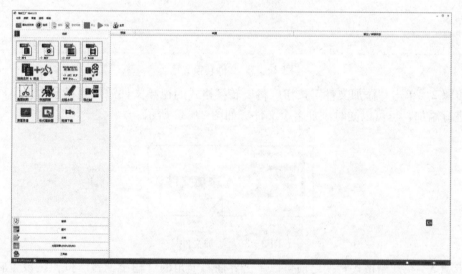

图 2-35　格式工厂主界面

3. 使用格式工厂转换音视频格式　格式工厂支持视频、音频、图片等文件的格式转换。以将 MP4 格式视频文件转换为 MKV 格式视频文件为例，操作步骤如下：

步骤 1　在视频转换选项卡中单击"MKV"按钮，即可进入转换 MKV 格式界面，如图 2-36、图 2-37 所示。

图 2-36　转换 MKV

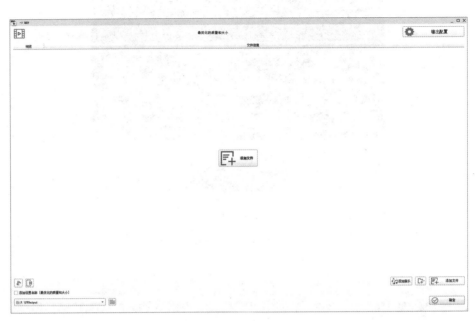

图 2-37　文件转换界面

步骤 2　单击"添加文件"按钮，将要转换格式的视频文件添加到目录中。不同格式均可进行添加，也可以同时添加多个文件。如图 2-38 所示。

图 2-38　添加文件

步骤 3　在开始格式转换之前可以单击界面右上角的"输出配置"按钮，设置转换成 MKV 格式文件的具体参数。设置完成后还可以在界面左下角选择视频输出文件夹。如图 2-39、图 2-40 所示。

步骤 4　完成设置后单击界面右下角的"确定"按钮，回到软件主界面。然后，单击软件主界面左上角的"开始"按钮，即可开始视频格式转换。转换过程中会显示转换进度。转换完成的视频会保存在之前设置的文件夹中。如图 2-41 所示。

注意：由于视频、音频、图片和文档等文件各种格式转换的相关功能和操作方法完全相同，可以参考以上内容，这里不再赘述。

4. 使用格式工厂软件中的工具　格式工厂软件中包含了一部分实用工具。如图 2-42 所示。

（1）视频合并 & 混流。单击"视频合并 & 混流"按钮即可将添加的两段或多段视频片段以及音频片段合并成一段视频，并保存在相应的文件夹中。如图 2-43 所示。

图 2-39　视频设置

图 2-40　选择输出路径

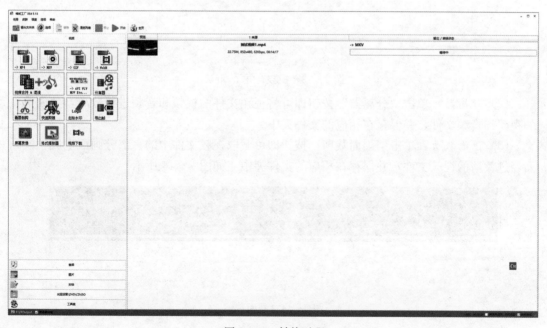

图 2-41　转换过程

图 2-42　实用工具

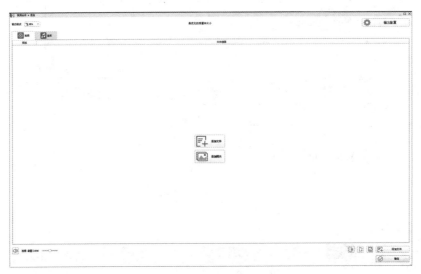

图 2-43　视频合并 & 混流

（2）分离器。单击"分离器"按钮即可将视频文件的视频和音频进行分离，生成单独的视频和音频文件，并保存在相应的文件夹中。

（3）画面裁剪。单击"画面裁剪"按钮即可截取视频文件中的一部分画面生成一段画面经过裁剪的视频文件，并保存在相应的文件夹中。如图 2-44 所示。

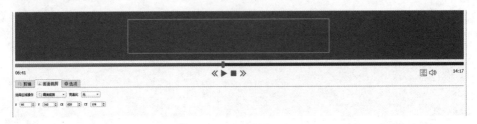

图 2-44　画面裁剪

（4）屏幕录像。单击"屏幕录像"按钮即可开始对屏幕进行录像，将录制的内容生成

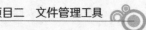

视频文件，并保存在相应的文件夹中。如图 2-45 所示。

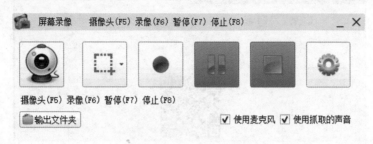

图 2-45　屏幕录像

注意：其他实用工具的操作方法较为简单，可以参考以上内容，这里不再赘述。

任务 5　文件云端存储：腾讯微云

任务概述

腾讯微云是一个集合了文件同步、备份和分享功能的云存储应用，用户可以通过微云方便地在多设备之间同步文件、推送照片和传输数据等。其具有以下特点：

（1）可以储存多种格式文件。

（2）能够智能化地实现对照片的管理。

（3）实现了文档在线编辑，多人协作编辑，历史版本恢复，文档安全保障等功能。

（4）实现安全与隐私保护。

任务重点与实施

1. 登录微云网页版　通过登录腾讯微云官方网站可以进入微云网页版的登录界面。如图 2-46 所示。

图 2-46　腾讯微云官方网站

微云网页版提供多种登录方式，包括 QQ 账号扫码登录、微信快捷扫码登录以及 QQ 号、邮箱、手机号对应账号的密码登录，如图 2-47 所示。

图 2-47　登录方式选择

登录成功后进入微云网页版的操作页面。如图 2-48 所示。

图 2-48　微云网页版

2. 新建文件夹及各种文件　单击左上角的"新建"按钮可以在微云中新建文件夹，在线文档，在线表格，Word 文档，Excel 表格，PPT 幻灯片和 BT 文件的离线下载（BT 文件的离线下载功能需要开通微云超级会员才能使用）。如图 2-49 所示。

　　为了更好地管理将要上传的文件，可以根据需要新建文件夹或创建各种文件。以新建文件夹为例，操作如下：

步骤1　单击"新建"按钮，弹出新建菜单后单击"新建文件夹"选项。如图2-50所示。

步骤2　创建的文件夹默认名称为"新建文件夹"，可以根据需要进行重命名。如图2-51所示，将文件夹重命名为"示例文件夹"。

步骤3　完成文件夹的创建后，使用鼠标右键单击文件夹可以对文件夹进行操作和管理，可以下载或分享文件夹中的文件，将文件夹移动到指定的位置或保险箱，利用文件夹收集文件，将文件夹添加到共享组，删除文件夹及文件夹中的文件，重命名文件夹，以及查看文件夹的详细信息。如图2-52所示。

图2-49　新建菜单选项

图2-50　新建文件夹　　　　　　　　图2-51　重命名

图2-52　对文件夹的操作和管理选项

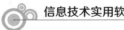

用户可以自主尝试新建不同的文件,并实现对其的操作和管理。

3. 上传文件夹或文件 除了在微云网页版中直接新建文件夹及各种文件外,上传文件夹或文件也是重要的功能,以上传文件夹为例,操作步骤如下:

步骤 1 单击"上传"按钮,单击"文件夹"按钮。如图 2-53 所示。

步骤 2 在弹出的对话框中选择想要上传的文件夹,以"测试文件夹"为例,测试文件夹中包含两个测试文件。如图 2-54 所示。选中"测试文件夹"后,单击对话框中的"上传"按钮。如图 2-55 所示。

图 2-53 上传文件夹

^	名称 ^	修改日期	类型	大小
	测试文件1.docx	2023/1/13 0:26	Microsoft Word ...	0 KB
	测试文件2.docx	2023/1/13 0:26	Microsoft Word ...	0 KB

图 2-54 选择文件夹

图 2-55 上传文件夹

步骤 3 微云网页版会在页面中弹出确认上传的对话框,单击"上传"按钮即可开始上传。完成上传后会弹出"任务已完成"对话框,同时,上传的文件夹及其中包含的文件都已上传至微云。如图 2-56、图 2-57 所示。

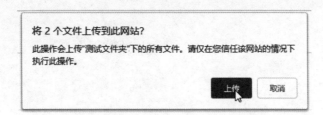

图 2-56　确认上传

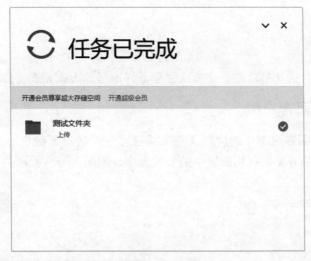

图 2-57　上传完成

用户可以自主尝试将文件上传到指定的文件夹中。

4. **查看文件**　微云网页版会根据时间和文件的类型对文件夹和文件进行分类显示，可以单击相应按钮进行查看。如图 2-58 所示。

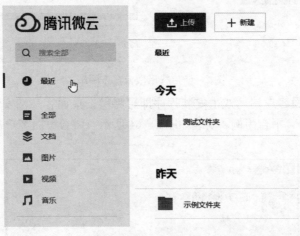

图 2-58　查看文件

5. **存储空间管理**　微云网页版提供存储空间管理的功能，单击"存储空间管理"按钮即可进入相应的页面，根据需要进行相应的操作。如图 2-59 所示。

图 2-59　存储空间管理

用户可以自主尝试其他功能，让腾讯微云更好地帮助大家完成文件管理。

三、微云桌面客户端

1. 下载微云桌面客户端　通过登录腾讯微云官方网站的下载页面进行微云桌面客户端的下载。可以根据需要下载相应版本的安装程序。如图 2-60 所示。

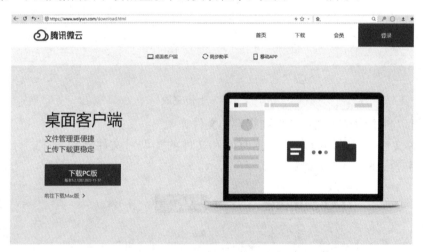

图 2-60　腾讯微云官方网站

2. 安装微云桌面客户端　双击安装程序即可将微云桌面客户端安装到相应的平台上，以 Windows 系统的 PC 平台为例。安装如图 2-61 所示。微云桌面客户端主界面如图 2-62所示。

图 2-61　安装微云桌面客户端

图 2-62 客户端主界面

　　由于微云桌面客户端的界面布局、相关功能和操作方法可以参考微云网页版的相关内容，这里不再赘述。

四、微云同步助手

　　微云同步助手是腾讯推出的一款网盘服务客户端，与微云桌面客户端相比，微云同步助手需要在计算机上设置一个同步文件夹，时刻保持与云端相同的内容，适用于本地文件夹自动备份的情况，但是会占用比较多的磁盘空间。

　　1. 下载微云同步助手 通过登录腾讯微云官方网站的下载页面进行微云同步助手的下载。可以根据需要下载相应版本的安装程序。如图 2-63 所示。

图 2-63 下载微云同步助手

　　2. 安装微云同步助手　双击安装程序即可安装微云同步助手,以 Windows 系统的 PC 平台为例。安装过程中可以选择快速安装,也可以进行自定义安装,对各安装的选项进行设置。如图 2-64、图 2-65、图 2-66 所示。

图 2-64　安装界面

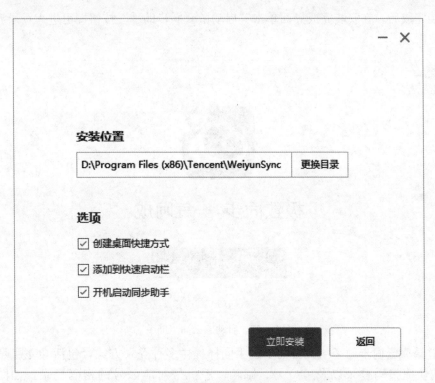

图 2-65　安装位置选择

图 2-66　安装过程

安装完成后，在安装完成界面单击"启动微云同步助手"按钮即可进入登录界面。如图 2-67 所示。

图 2-67　启动微云同步助手

3. 登录微云同步助手　微云同步助手同样提供多种登录方式，包括 QQ 账号扫码登录、微信快捷扫码登录以及 QQ 号、邮箱、手机号对应账号的密码登录，如图 2-68 所示。

图 2-68　登录界面

4. 设置微云同步助手 成功登录微云同步助手后，即可进入设置同步目录的界面，操作步骤如下：

步骤 1 选择要从微云中同步到本地的目录（文件夹及文件）。以"测试文件夹"和"示例文件夹"两个文件夹为例，同时选择"文件及后续新增文件"选项，未来要更新的内容也会自动进行同步。

步骤 2 选择一个文件夹作为本地同步目录（此文件夹中的文件会通过自动备份，时刻保持与云端相同）。以"D:\微云同步助手"文件夹为例，如图 2-69 所示。

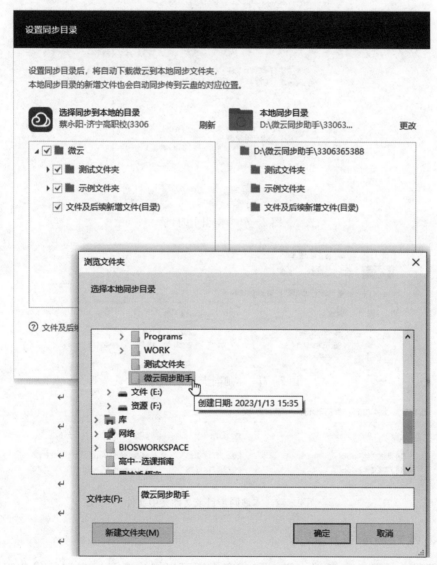

图 2-69 选择同步文件夹

5. 使用微云同步助手 设置完成后，微云同步助手会将选定的文件夹和文件同步到指定文件夹内。此时，单击"本地同步目录"按钮即可进入"本地同步目录"，对相应的文件夹和文件进行查看，如图 2-70、图 2-71、图 2-72 所示。

图 2-70　本地同步目录

图 2-71　本地同步目录文件夹

图 2-72　本地同步目录文件夹中文件

五、微云移动客户端

1. 下载微云移动客户端　微云移动客户端可以视作微云客户端的移动版,支持 iPhone、iPad、Android 手机等移动设备使用。通过登录腾讯微云官方网站的下载页面进行微云移动客户端的下载。可以根据需要通过扫码下载,或者登录应用市场下载相应版本的应用。如图 2-73 所示。

图 2-73 移动客户端下载界面

2. 登录微云移动客户端 微云移动客户端可以通过 QQ 和微信两种方式进行登录。如图 2-74 所示。

3. 使用微云移动客户端 由于微云移动客户端的相关功能与微云网页版和微云桌面客户端的功能基本相同，可以参考前面的相关内容，这里不再赘述。如图 2-75 所示。

同时，微云移动客户端增加了照片自动备份功能，可以根据自己的需要进行设置。其操作方法较为简单，请自主尝试即可。如图 2-76 所示。

图 2-74 登录界面　　　图 2-75 微云移动客户端主界面　　　图 2-76 照片界面

🔗**项目小结**

通过本项目的学习，应重点掌握以下知识。

（1）掌握文件压缩工具的使用方法，能按需要压缩、解压缩文件。

（2）对文件进行加密、解密。

（3）使用文件阅读器，熟练阅读和查找、复制 PDF 文件内容。

（4）使用格式工厂对不同类型的文件进行转换。

（5）熟练掌握云端存储软件腾讯微云。

➡项目习题

（1）下载并安装 WinRAR，并对文件进行压缩、解压缩。

（2）下载并安装文件夹加密超级大师，并对指定文件进行加密、解密操作。

（3）下载并安装 Adobe Reader，并使用 Adobe Reader 查看"党的二十大报告全文 . pdf"文件，并注释感悟。

（4）下载并安装格式工厂，将"喜迎二十大，铸就新辉煌 . mkv"文件转换成"喜迎二十大，铸就新辉煌 . mp4"。

（5）下载并安装云端存储软件腾讯微云，将"喜迎二十大，铸就新辉煌 . mp4"上传至腾讯微云根目录。

项目三 | XIANGMUSAN

网页浏览与通信工具

> **○ 项目概述**
>
> 　　随着互联网的进一步完善与应用，人们越来越多地享受到网络给日常生活带来的极大便利，如娱乐、查询和订票、购物等，这也改变了人们的生活方式。在本项目中，将详细介绍网络常用工具：浏览器、电子邮件、通信工具 QQ 与微信的使用方法与技巧。
>
> **○ 项目重点**
>
> 　　1. Chrome 浏览器的使用。
>
> 　　2. Foxmail 电子邮件的使用。
>
> 　　3. 腾讯 QQ、微信的使用。
>
> **○ 项目目标**
>
> 　　1. 了解 Foxmail 电子邮件的功能。
>
> 　　2. 掌握 Chrome 及常见浏览器的使用。
>
> 　　3. 掌握 QQ 和微信的常见功能的使用。

任务 1　Chrome 浏览器

🌐 任务概述

　　万维网（World Wide Web，WWW）是目前应用最为广泛的 Internet 服务之一，用户只要通过浏览器的交互式应用程序就可以非常方便地访问 Internet，获得所需的信息。浏览器是最常用的客户端程序。

　　个人计算机上常见的网页浏览器有 Google Chrome、微软 Microsoft Edge、Mozilla 的 Firefox、Apple 的 Safari 浏览器、搜狗浏览器、傲游浏览器等。其中 Google Chrome 浏览器在 2022 年 11 月 "全球"（综合桌面端＋平板＋手机端等）浏览器使用占比为 65.84％，是全球使用率最高的一款浏览器。

⌨ 任务重点与实施

　　1. 获取　　获取 Google Chrome 浏览器有两种主要途径。用户可以自行选择，获得软件的安装文件。在这里出于对知识产权的尊重，作者建议读者从正规渠道获取正版软件，维护软件市场的正常秩序。

　　（1）从官方网站下载。用户可以通过登录谷歌官方网站获取 Google Chrome 浏览器的安装文件，然后根据软件提供的协议对下载的软件进行有偿或无偿使用，图 3-1 所示为谷歌官网提供的 Google Chrome 浏览器免费安装软件。

　　（2）从第三方下载站点下载。随着网络技术的不断发展，用户不仅可以在官方网站下载软件，也可以登录到专业的工具软件网站进行软件下载。国内专业的工具软件网站，如华军软件园、太平洋下载中心等提供了便捷的软件下载服务。同时根据软件的性能和用途，网站还会将功能相似的软件进行分类整理，方便用户根据需要进行选择性下载，如图 3-2 所示。

图 3-1　谷歌官方网站下载软件

图 3-2　华军软件园网站下载软件

2. 安装　在使用 Google Chrome 浏览器之前，用户需要先将软件安装到计算机当中。安装 Google Chrome 浏览器的操作步骤如下：

步骤 1　打开"Google Chrome 浏览器"安装文件所在的磁盘位置，如图 3-3 所示。

步骤 2　双击之后 Chrome 浏览器即进入安装过程，如图 3-4 所示。

3. 使用

（1）安装结束后，桌面上可以看到"Google Chrome"的图标，只要双击"Google

Chrome"就可以打开浏览器，如图 3-5 所示。

图 3-3 双击安装文件

图 3-4 安装过程

图 3-5 Chrome 浏览器欢迎页

（2）单击"开始使用"后，可以对浏览器的背景、默认浏览器等进行设置，如图 3-6 所示，也可以选择"跳过"，直接进入浏览器主页，如图 3-7 所示。

图 3-6　浏览器设置

图 3-7　Chrome 浏览器主页面

（3）浏览器主页面窗口的组成。

①标签栏。Google Chrome 浏览器提供了选项卡式浏览方式，无须打开多个窗口，即可在一个窗口中浏览多个网页。

②地址栏。输入要访问网页的地址。如果历史记录中有访问过该网站的记录，当输入该网站的地址时，将自动匹配与历史记录中相近的网址，实现用户快速输入和打开页面的需求。

③设置。用户可以通过单击右上角 ⋮ 图标进入到 Google Chrome 浏览器设置界面，如图 3-8、图 3-9 所示，在"设置"中，可以对浏览器的"隐私设置和安全性""外观""搜索引擎""语言""下载内容"等进行设置。

在"搜索引擎"的默认搜索工具设置的界面中，将默认搜索引擎和网站搜索更改为"百度"，如图 3-10 所示。

图 3-8 打开 Chrome 浏览器

图 3-9 自定义与设置 Chrome 浏览器

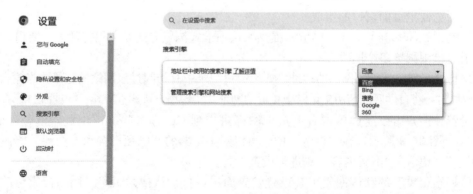

图 3-10 Chrome 浏览器设置界面

（4）浏览网页。网页是全球广域网上的基本文档，用 HTML（超文本标记语言）编写。其中包含文本、图片、动画、音乐、超链接等元素。网页可以是站点的一部分，也可以独立存在。每一个网站都是由若干网页组成的，各网页之间通过链接联系在一起。主页是一个网站的起点站或者说主目录，是一个网站中最重要的网页，也是访问最频繁的网页。它是一个网站的标志，体现了整个网站的制作风格和性质。

在用户浏览网页的时候，Google Chrome 浏览器也设置了非常多且实用的快捷键帮助用户操作，如图 3-11 所示。

Ctrl+N	打开新窗口
Ctrl+T	打开新标签页
Ctrl+A	全选
Ctrl+Shift+N	在隐身模式下打开新窗口
Ctrl+Shift+B	隐藏打开书签栏
Ctrl+O，然后选择文件	在谷歌浏览器中打开计算机上的文件
Ctrl+Shift+T	重新打开上次关闭的标签页
Ctrl+Tab或Ctrl+PgDown	切换到下一个标签页
Ctrl+Shift+Tab或Ctrl+PgUp	切换到上一个标签页
Ctrl+W或Ctrl+F4	关闭当前标签页或弹出式窗口
Alt+Home	打开主页
Ctrl+Shift+B	打开和关闭书签栏
Ctrl+Shift+O	打开书签管理器
Ctrl+H	查看"历史记录"页
Ctrl+J	查看"下载"页
Shift+Escape	查看任务管理器
Ctrl+P	打印当前页
Ctrl+S	保存当前页
F5	重新加载当前页
Esc	停止加载当前页
Ctrl+F	打开"在网页上查找框
Ctrl+F5	重新加载当前页，但忽略缓存内容
按住Alt键，然后点击链接	下载链接
Ctrl+G	查找与您在"在网页上查找框中输入的内容相匹配的下一个匹配项
Ctrl+Shift+G	查找与您在"在网页上查找框中输入的内容相匹配的上一个匹配项
Ctrl+U	查看源代码
将链接拖动到书签栏	将链接加入书签
Ctrl+D	将当前网页加入书签
Ctrl++，或者按住Ctrl键并向上滚动鼠标滚轮	放大网页上的所有内容
Ctrl+-，或者按住Ctrl键并向下滚动鼠标滚轮	缩小网页上的所有内容
Ctrl+0	将网页上的所有内容都恢复到正常大小
Ctrl+Shift+I	开发人员工具
Ctrl+Shift+J	JavaScript控制台
Ctrl+Shift+Del	清除浏览数据
Ctrl+E	地址栏目进入google搜索
F1	帮助
F6	输入地址栏
F3	文字搜索
F11	全屏
F12	查看网页源代码

图 3-11 Chrome 浏览器快捷键

图 3-12 设置

4. 卸载 以卸载"Google Chrome 浏览器"为例，介绍卸载工具软件的操作步骤如下：

步骤 1 在 Windows 10 操作系统中，单击"开始"菜单，在弹出的菜单中，选择"设置"选项，如图 3-12 所示。

步骤 2 在 Windows 设置中，选择"应用"选项，在"应用和功能"中，搜索"Google Chrome"，如图 3-13 所示。

步骤 3 鼠标左键单击"Google Chrome"图标，选择"卸载"按钮，然后单击"下一步"按钮，即可将 Google Chrome 浏览器卸载，如图 3-14 所示。

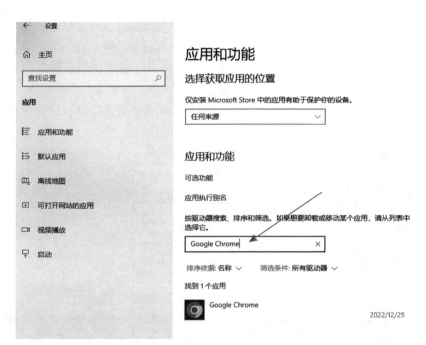

图 3－13　应用与功能

图 3－14　卸载

任务 2　电子邮件 Foxmail

🌐 任务概述

电子邮件是一种用电子手段提供信息交换的通信方式，是互联网应用最广的服务。通过网络的电子邮件系统，用户可以以非常低廉的价格（不管发送到哪里，都只需负担网费）、非常快速的方式（几秒钟之内可以发送到世界上任何指定的目的地），与世界上任何一个角落的网络用户联系。

Foxmail 邮件客户端软件，是中国著名的软件产品之一，中文版使用人数超过 400万，英文版的用户遍布 20 多个国家，名列"十大国产软件"，被太平洋计算机网评为五星级软件。Foxmail 拥有一些独特的酷功能，例如远程信箱管理，可让用户先下载信箱中的邮件头，自主决定下载或删除哪些邮件；特快专递发送功能，由 Foxmail 找到收件人邮箱所在的服务器，然后直接把邮件送到对方的邮箱中；此外，Foxmail 占用内存也不多，比 Outlook 要小得多。

📧 任务重点与实施

1. 获取　获取 Foxmail 有两种主要途径：一是直接从官方网站进行下载，二是可以通过第三方下载网站进行下载，用户可以自行选择，获得软件安装文件。

（1）从官方网站下载。用户可以通过登录官方网站获取安装文件，然后根据软件提供的协议对下载的软件进行有偿或无偿使用，图 3-15 为 Foxmail 官网提供的客户端免费安装软件。

图 3-15　Foxmail 官网下载软件

（2）从第三方下载站点下载。随着网络技术的不断发展，用户不仅可以在官方网站下载软件，也可以登录到专业的工具软件网站进行软件下载。这里以在华军软件园下载为例，如图 3-16 所示。

图 3-16　华军软件园下载软件

2. 安装　操作步骤如下：

步骤 1　打开 Foxmail 安装文件所在的磁盘位置，双击安装文件，如图 3-17 所示。

图 3-17　双击安装文件

步骤 2　打开安装文件后，进行软件的安装。安装界面如图 3-18 所示，可以通过"自定义安装"来改变软件的安装目录。

步骤 3　安装结束后，单击"立即运行"按钮，如图 3-19 所示。

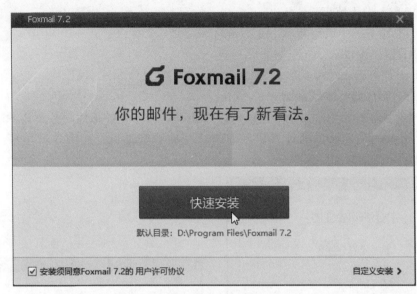

图 3-18　安装界面

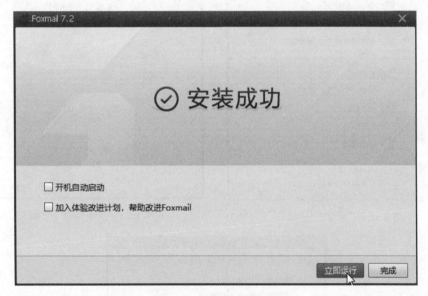

图 3-19　安装成功界面

3. 使用

（1）在 Foxmail 安装完毕后，第一次运行时，系统会自动启动向导程序，引导用户添加第一个邮件账户，如图 3-20 所示。

（2）单击想要绑定的邮箱类型，这里以 163 邮箱为例演示如何进行绑定，输入 E-mail 地址和密码后，单击"创建"按钮，如图 3-21 所示。这里也可以单击"手动设置"按钮对邮箱的传输协议进行配置，如图 3-22 所示。进入手动设置页面后，根据所选择的协议进行相应的服务器设置，可选 POP3 或者 IMAP。

①POP3 协议设置。

在 POP 服务器中填写 pop.163.com。

在 SMTP 服务器中填写 smtp.163.com。

②IMAP 协议设置。

在 IMAP 服务器中填写 imap.163.com。

在 SMTP 服务器中填写 smtp.163.com。

由于 SSL 加密连接更加安全，建议勾选"SSL"，以下是各邮件服务及其 SSL 协议开放的端口，使用时请确认本地计算机和网络已开放加密端口。加密端口填写：SMTP：465、POP3：995、IMAP：993。

图 3-20　新建账号

图 3-21　绑定 163 邮箱

图 3-22　手动设置界面

（3）设置完成后，单击"创建"按钮，即进入到 Foxmail 主界面，如图 3-23 所示。

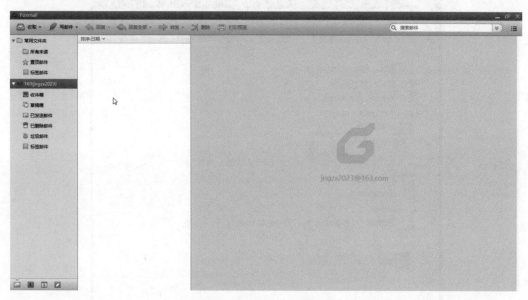

图 3-23 Foxmail 主界面

（4）用户个性化设置。

①设置界面。开启邮件，单击右上角按钮进入设置界面。如图 3-24 所示。

图 3-24 进入设置界面

②设置"常用"选项。根据个人使用习惯勾选图中的各个选项。如图 3-25 所示。

③设置"账号"选项。如图 3-26 所示，其中"设置"和"高级"两项主要为个人使用习惯的设置，"服务器"一项需要与已经搭建的邮件服务器内容匹配，设置完成后单击"应用"按钮，再单击"确定"按钮。

图 3-25　设置"常用"界面

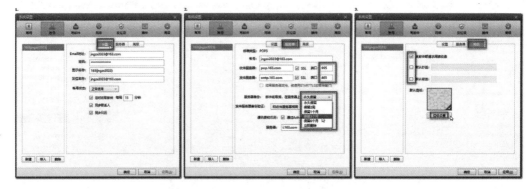

图 3-26　设置"账号"界面

④设置"写邮件"选项。可以预先设定邮件的签名、邮件字体等信息，如图 3-27 所示。

⑤设置"网络"选项。按图 3-28 所示对话框选择"默认代理""不使用代理服务器"等选项，选择完成后单击"应用"按钮，再单击"确定"按钮。

⑥设置"反垃圾"选项。建议过滤强度选择"中"，推荐使用 Foxmail 反垃圾数据库过滤垃圾邮件，如图 3-29 所示。

⑦设置"插件"选项。用户可以在此启用或者禁用一些基本的插件功能，如图 3-30 所示。

⑧设置"高级"选项。根据个人使用习惯，选择各种选项，此处推荐勾选"延迟 1 分钟发送邮件"选项，如果在发出邮件后发现邮件有误，可以在草稿箱中找到邮件，并取消

发送，如图 3-31 所示。

图 3-27　设置"写邮件"界面

图 3-28　设置"网络"界面

信息技术实用软件

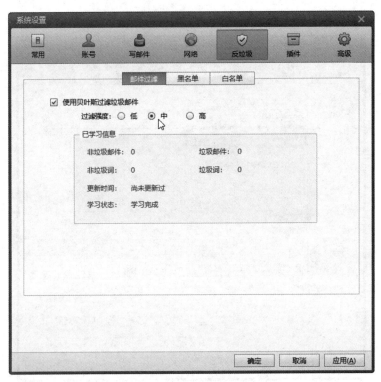

图 3-29　设置"反垃圾"界面

图 3-30　设置"插件"界面

项
目
三

网
页
浏
览
与
通
信
工
具

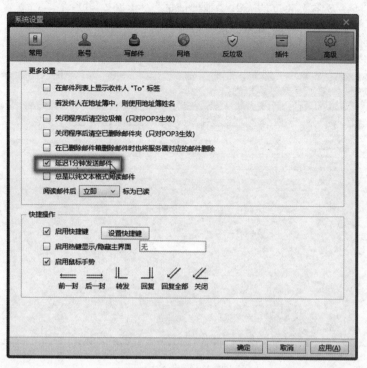

图 3-31　设置"高级"界面

（5）收取邮件。选中当前账户后，单击工具栏上的"收取"按钮，快捷键为"F4"，系统会即时收取邮件，如图 3-32 所示。

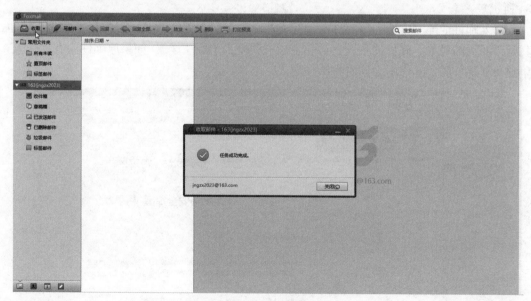

图 3-32　收取邮件

（6）发送邮件。单击工具栏上的"写邮件"按钮，打开邮件编辑器，如图 3-33 所示。在"收件人"一栏填写收信人的电子邮件地址，同时可以在"抄送"和"密送"地址栏中填写想要抄送及密送的收信人电子邮件地址。"主题"相当于一篇文章的题目，可以让收信人大致了解邮件可能的内容，也可以方便收信人管理邮件。

写好信后，单击工具栏的"发送"按钮，即可立即发送邮件。

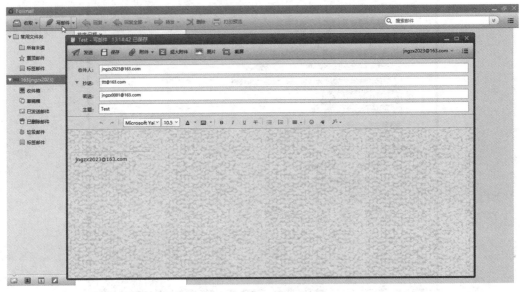

图 3-33　发送邮件

（7）回复邮件。单击"收件箱"或者"已发送的邮件"里的任一邮件，可以单击右键选择"回复"或者单击工具栏选项的快捷键进行"回复"，快捷键为"Ctrl＋R"。如图 3-34 所示。

回复邮件的编写方法与写邮件的编写方法一致，只是系统默认已经选择了收件人，也就是要回复的对象。邮件的主题也自动生成"回复：＋原主题"。如果原邮件内有抄送人，单独回复邮件时，邮件不会同时寄给抄送人。

图 3-34　回复邮件

（8）转发邮件。单击"收件箱"或者"已发送的邮件"里的任一邮件，可以单击右键选择"转发"或者单击工具栏选项的快捷键进行"转发"，快捷键为"Shift＋W"。如图3-35所示。

转发邮件的主题自动生成"转发：＋原主题"。转发的收件人及抄送人均为空白，需要转发者进行定义。转发时，如原邮件带有附件，则附件会随着转发邮件一同转发给收件人。

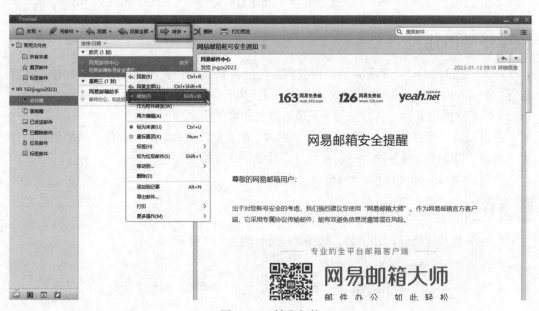

图 3-35　转发邮件

拓展知识

1. 电子邮件地址　互联网中每个用户的电子邮件地址都具有唯一性，电子邮件的地址格式是：user@mail. server. name，格式中 user 是收件人的用户名，mail. server. name 是收件人的电子邮件服务器名，它还可以是域名或十进制数字表示的 IP 地址。

2. POP3、IMAP 和 SMTP 的区别　POP3 是 Post Office Protocol 3 的简称，即邮局协议的第 3 个版本，它规定怎样将个人计算机连接到互联网的邮件服务器和下载电子邮件的电子协议。也是互联网电子邮件的第一个离线协议标准，POP3 允许用户从服务器上把邮件存储到本地主机上，同时删除保存在邮件服务器上的邮件，而 POP3 服务器则是遵循 POP3 协议的接收邮件服务器，用来接收电子邮件的。

IMAP 全称是 Internet Mail Access Protocol，即交互式邮件存取协议，它是跟 POP3 类似邮件访问标准协议之一，IMAP 服务器则是遵循 IMAP 协议的接收邮件服务器。不同的是，开启了 IMAP 后，用户在电子邮件客户端收取的邮件仍然保留在服务器上，同时在客户端上的操作都会反馈到服务器上，如：删除邮件，标记已读等，服务器上的邮件也会做相应的动作。所以无论从浏览器登录邮箱或者客户端软件登录邮箱，看到的邮件以及状态都是一致的。

SMTP 的全称是 Simple Mail Transfer Protocol，即简单邮件传输协议。它是一组用于从源地址到目的地址传输邮件的规范，通过它来控制邮件的中转方式。SMTP 协议属于 TCP/IP 协议簇，它帮助每台计算机在发送或中转信件时找到下一个目的地。SMTP 服务器就是遵循 SMTP 协议的发送邮件服务器。

任务 3　腾讯 QQ

任务概述

QQ，是腾讯 QQ 的简称，是腾讯公司推出的一款基于互联网的即时通信软件。其覆盖了 Windows、MacOS、iPadOS、Android、IOS、Harmony OS、Windows Phone、Linux 等多种操作平台。其标志是一只戴着红色围巾的小企鹅。

腾讯 QQ 支持在线聊天、视频通话、点对点断点续传文件、共享文件、网络硬盘、自定义面板、QQ 邮箱等多种功能，并可与多种通信终端相连。

这里以 Windows 版 QQ 介绍相关功能。

任务重点与实施

（1）下载 QQ 软件，并安装。如图 3-36、图 3-37 所示。

图 3-36　官网界面

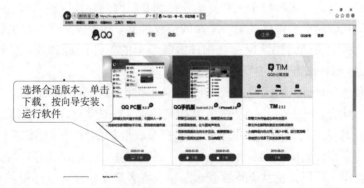

图 3-37　下载界面

（2）申请 QQ 账号，添加 QQ 好友。如图 3-38、图 3-39 所示。

图 3-38　登录界面

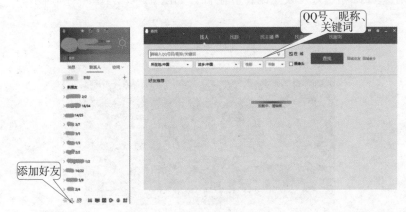

图 3-39　添加 QQ 好友界面

（3）与 QQ 好友进行文字、图片、语音、视频等数据通信。如图 3-40、图 3-41 所示。

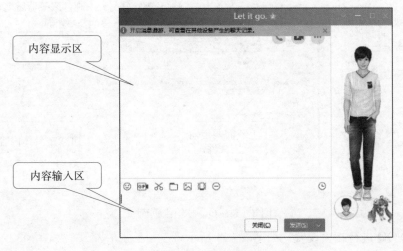

图 3-40　聊天界面

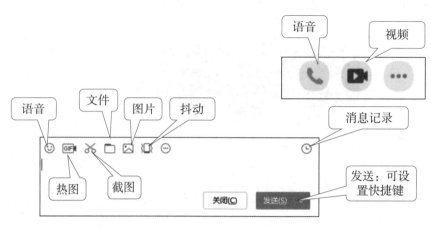

图 3-41　功能区界面

（4）利用 QQ 邮箱给好友发送邮件和附件。如图 3-42、图 3-43 所示。

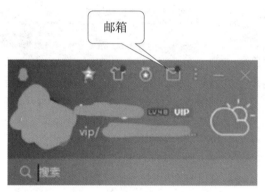

图 3-42　QQ 邮箱入口

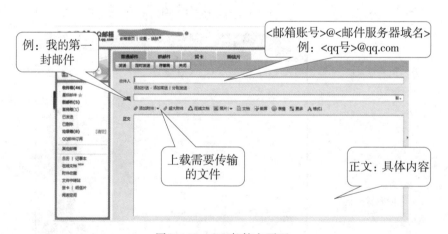

图 3-43　QQ 邮箱主页面

（5）对 QQ 进行相关设置。如图 3-44 所示。

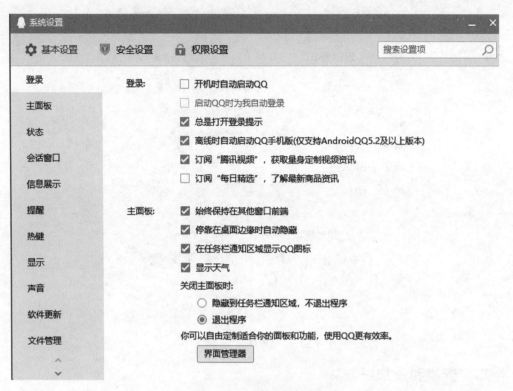

图 3-44　系统设置界面

任务 4　微　信

🌐 任务概述

微信（WeChat）是腾讯公司于 2011 年 1 月 21 日推出的一个为智能终端提供即时通信服务的免费应用程序。微信支持跨通信运营商、跨操作系统平台通过网络快速发送免费（需消耗少量网络流量）语音短信、视频、图片和文字。

微信提供公众平台、朋友圈、消息推送等功能，用户可以通过"摇一摇""搜索号码""附近的人""扫二维码方式"添加好友，同时微信也可将内容分享给好友以及将用户看到的精彩内容分享到微信朋友圈。

微信分计算机版、网页版、手机版，现以手机版为例介绍相关功能。

一、微信的注册与登录

可直接使用 QQ 号登录，也可用手机号进行快捷注册。注册成功之后，用户将拥有一个微信账号，下次除了使用 QQ 账号、手机号码登入之外，还可以使用微信账号登入。如图 3-45 所示。

图 3-45　微信注册与登录界面

二、查找和添加好友

　　登录微信后，就可以开始建立好友队伍。单击页面右上角"＋"按钮，弹出窗口，可通过在输入框中输入对方"账号/手机号"，也可通过扫一扫、手机联系人等方式，向对方发出添加好友请求，对方通过验证后就会添加到你的通讯录。如图 3-46 所示。

图 3-46　查找与添加好友

三、聊天及其他功能

除了发送文字信息、语音聊天、视频聊天等，微信还可以发送表情、图片、地理位置、名片，多媒体的互动非常丰富。

单击对话框右面的笑脸，就可以在文字中插入各种代表心情的表情符号，也可自定义表情包，增加对话的乐趣。

单击对话框右面的"＋"按钮，就会在对话框下面出现一组图标，可以发送图片、地理位置、名片等信息。如图 3-47 所示。

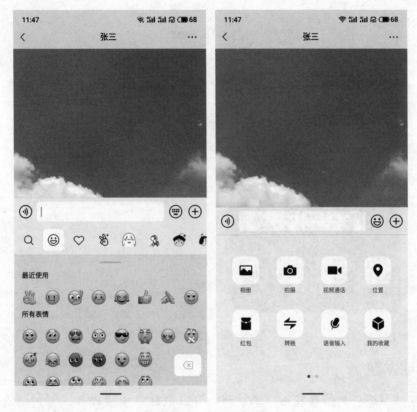

图 3-47　聊天界面

插入图片和其他聊天软件一样，可以发送相片集里面的照片，也可以直接拍摄照片发送。

发送名片指的是把联系人中的某位的名片发给其他人，包括微信号等一些基本信息，其他人单击便可轻松添加名片上的人为好友。

发送地理位置功能对于容易迷路的人来说很贴心，如果迷路的话，只要把位置发给好友求救就 OK 啦！

四、群聊

需要群聊的时候，微信同样很方便。在微信界面里单击右上角"＋"按钮，单击"发起群聊",就可以进入选择群聊参加人的页面,在联系人里面勾选要群聊的人,单击"完成",这个邀请就会发到他们的微信里,并在他们的微信里出现这个群。

创建成功,即可在群里面发送文字、图片、语音等信息。群里的每一个成员都可看到这些信息,也可发表信息互相交流。如图 3 - 48 所示。

图 3 - 48 群聊界面

五、朋友圈

朋友圈是一个公共信息发布分享平台,可以把日常生活碎片、看过的有趣文章、图片或者音乐等内容分享到朋友圈,同时可设置权限为公开或私密。有权限的好友能看到,也可以进行"评论"或"赞",同样也可以看到好友发表的信息并进行"评论"。

进入微信"发现"页面,单击朋友圈,就会出现朋友圈页面。朋友圈页面,其上半部是朋友圈的封面,轻按一下可以更换照片,下半部则是好友们发的朋友圈内容,右下方的对话框按键,可以赞照片,也可以进行评论。单击右上角的小照相机,即可发表想要分享的文字、图片、视频等,同时可共享位置,设置好友查看权限。如图 3 - 49 所示。

微信功能强大,大家日常生活必不可少,这里简单介绍基础功能,其他功能,可自行研究。

图 3-49　朋友圈界面

➡ 项目小结

通过本项目的学习，读者应重点掌握以下知识：

（1）掌握网页浏览器的使用技巧，能熟练完成常用的网页浏览操作。

（2）学会邮箱管理工具 Foxmail 的使用方法，能管理电子邮箱收发邮件。

（3）掌握即时通信工具腾讯 QQ 和微信的常用操作。

➡ 项目习题

（1）下载"Google Chrome 浏览器"，并进行安装、使用及卸载。

（2）下载并安装"Foxmail"，关联邮箱账号并进行邮件收发。

（3）申请一个 QQ 号，尝试将文件或文件夹发送给在线和离线好友，使用 QQ 进行屏幕区域截图，并将截图添加上文字发送给好友。

（4）使用微信与好友进行聊天并发一张"喜迎二十大"的朋友圈。

项目四 XIANGMUSI

图像管理工具

⊙项目概述

　　随着数码科技的发展，用户习惯将日常工作与生活中的一些重要的、美好的事物以图像的形式进行记录，并通过计算机对保存的图像进行各种最基本的加工处理，使之更加美观并且希望能够快速、随时地获取自己想要的图像。

　　除此之外，用户还将一些原本不属于图形图像表达范畴的工作流程、工作模式、模型和结构等内容图形化，以便可以对其进行更好地理解和表达。

　　鉴于图形图像广泛的使用，为了满足计算机用户的需求，出现了多种各具特色的图形图像工具，使用图形图像工具对数字图像的处理与获取已经成为计算机的重要功能之一。

⊙项目重点

　　1. 掌握图像的捕捉、浏览、编辑、美化、批处理等工具软件的应用能力。

　　2. 用图像相关软件对图像进行各种编辑处理。

⊙项目目标

　　1. 掌握安装并使用"光影看图"的方法，并能使用"光影看图"快速浏览图片。

　　2. 掌握安装并使用"光影魔术手"的方法，并能使用"光影魔术手"编辑、美化、批处理图像文件。

　　3. 掌握使用 SnagIt 捕获屏幕文件的方法，并能使用 SnagIt 捕获屏幕文件。

任务1　看图工具：　光影看图

🌐 任务概述

　　"光影看图"是一款非常实用的看图软件，看图快，各种颜色空间的图片颜色还原准，cmyk、adobe rgb、prophoto rgb 等各种颜色空间都能准确还原颜色，在广色域显示器和校色的显示器上，颜色也还原准确。支持各种 raw 格式，即使最新型号单反的 raw 格式也支持查看。丰富的 exif 信息展示，各种型号相机所拍照片的 exif 信息都能查看。

⌨ 任务重点与实施

　　1. 获取　获取光影看图有两种主要途径：一是直接从官方网站进行下载，二是可以通过第三方下载网站进行下载，用户可以自行选择，获得软件安装文件。

　　（1）从官方网站下载。用户可以通过登录官方网站获取安装文件，然后根据软件提供的协议对下载的软件进行有偿或无偿使用，图 4-1 所示为光影看图官网提供的客户端免费安装软件。

　　（2）从第三方下载站点下载。随着网络技术的不断发展，用户不仅可以在官方网站下载软件，也可以登录到专业的工具软件网站进行软件下载。此处以在爬爬资源网下载为例，如图 4-2 所示。

图 4-1　光影看图官网界面

图 4-2　爬爬资源网下载界面

2. 安装　操作步骤如下：

步骤 1　打开光影看图安装文件所在的磁盘位置，双击安装文件，如图 4-3 所示。

步骤 2　打开安装文件后，进行软件的安装。安装界面如图 4-4 所示，我们可以在安装设置中改变软件的安装目录。

步骤 3　安装结束后，单击"完成"按钮，如图 4-5 所示。

3. 使用

（1）在光影看图安装完毕后，可勾选复选框"运行光影看图"并单击"完成"按钮后自动打开"光影看图"软件，我们也可以通过双击图片的方式用"光影看图"来查看图片，如图 4-6 所示。

项目四 图像管理工具

图 4-3　双击安装文件

图 4-4　安装目录选择

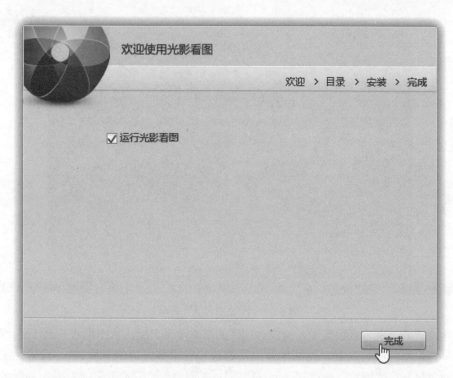

图4-5 安装完成

图4-6 光影看图主界面

（2）单击软件右上角的"倒三角"按钮，可以对软件进行设置，如图4-7所示。

图4-7 设置"入口"界面

①常规设置。在常规设置中，可以对软件的基本设置、默认看图模式、旋转图片后操作以及窗口背景颜色进行设置。此处推荐大家勾选"启用多窗口浏览模式"，设置完成之后，就可以同时打开多张图片了，这样我们对比图片的时候就会方便很多。如图4-8所示。

图4-8 设置常规设置

②习惯设置。在习惯设置中，用户可以根据自身的习惯对鼠标滚轮响应、鼠标在窗口内双击以及使用滚轮缩放图片时的操作进行设置，更加符合个人看图的习惯。如图4-9所示。

③文件关联。在文件关联中，可以看到"光影看图"作为一款看图软件是非常实用

项目四 图像管理工具

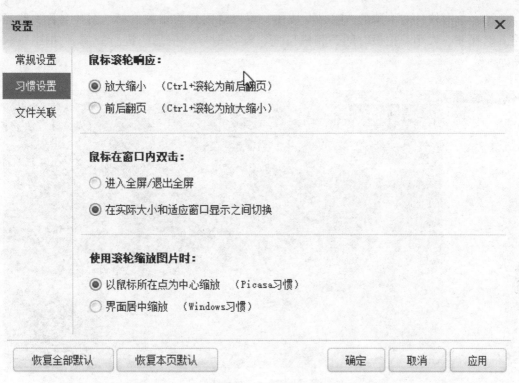

图4-9 习惯设置

的，基本可以解析目前所有的图片文件格式，用户也可以根据自己的使用习惯对软件关联格式进行更改。如图4-10所示。

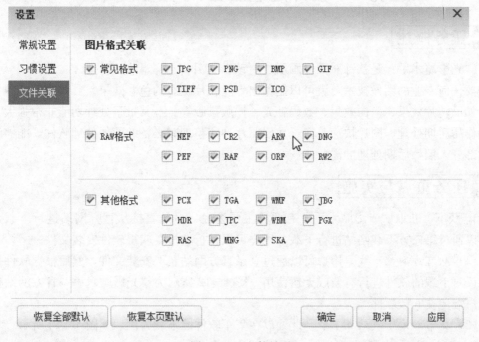

图4-10 文件关联

（3）单击软件右下角的"叹号"按钮，可以对图片的相关信息（图片名称、路径、格式、尺寸、大小、拍摄时间、相机厂商、设备型号等信息）进行查看，如图 4－11 所示。

图 4－11　显示图片具体信息

任务 2　图片处理工具：光影魔术手

任务概述

"光影魔术手"是款针对图像画质进行改善提升以及效果处理的软件。简单、易用，不需要任何专业的图像技术，就可以制作出专业胶片摄影的色彩效果。其具有许多独特之处，如反转片效果、黑白效果、数码补光、冲版排版等。且其批量处理功能非常强大，是摄影作品后期处理、图片快速美容、数码照片冲印整理时必备的图像处理软件，能够满足绝大部分人照片后期处理的需要。

任务重点与实施

1. 获取　获取"光影魔术手"有两种主要途径：一是直接从官方网站进行下载，二是可以通过第三方下载网站进行下载，用户可以自行选择，获得软件安装文件。

（1）从官方网站下载。用户可以通过登录官方网站获取安装文件，然后根据软件提供的协议对下载的软件进行有偿或无偿使用，图 4－12 所示为"光影魔术手"官方网站提供的客户端免费安装软件。

（2）从第三方下载站点下载。此处以在华军软件园下载为例，如图 4－13 所示。

2. 安装　操作步骤如下：

图 4-12　光影魔术手官网

图 4-13　华军软件园下载界面

步骤 1　打开光影看图安装文件所在的磁盘位置，双击安装文件，如图 4-14 所示。

图 4-14　双击安装文件

步骤 **2** 打开安装文件后，进行软件的安装。安装界面如图 4 - 15 所示，我们可以在安装设置中改变软件的安装目录。

图 4 - 15　安装目录选择

步骤 **3** 安装结束后，单击"完成"按钮，如图 4 - 16 所示。

图 4 - 16　安装完成

3. 使用

（1）在"光影魔术手"安装完毕后，可勾选复选框"运行光影魔术手"并单击"完成"按钮后自动打开"光影魔术手"软件，也可以通过双击桌面图标的方式来运行，如图4-17所示。

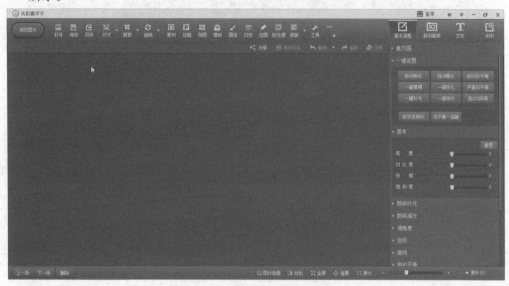

图4-17　"光影魔术手"主页面

（2）裁剪。单击"裁剪"右边的小三角，会出现下拉菜单，其中有许多固定的裁剪方式，如图4-18所示。直接单击"裁剪"，会弹出自定义裁剪框，在自定义裁剪框中，按住鼠标左键，在画面上拖动，会出现裁剪效果框。框的四周是虚线，鼠标放在这些虚线上会变成一个双向的箭头，在出现双向箭头时按住鼠标左键（不放）可以拖动框缩放，从而进行精确选择。选择完后单击"确定"，如图4-19所示。

图4-18　"裁剪"选项

图 4-19 裁剪过程

（3）旋转。单击"旋转"，出现很多选项。我们用"自由旋转"，可以转任意角度。输入数值（逆时针转的话用负数），单击"预览"，如果鼠标放在左边图片上的话，有十字线参照。角度合适后单击"确定"，如图 4-20 所示。

图 4-20 旋转

（4）抠图。单击"抠图"，有"自动抠图""手动抠图""形状抠图""色度抠图"可以选择，如图 4-21 所示。我们选择"自动抠图"，可以通过放大缩小来调整图片的尺寸，在右边有"选中笔"与"删除笔"两种画笔可供选择，这里选择"选中笔"，然后将画笔移动到背景中画上一笔即可，如果背景不能全部涵盖进去的话，再继续涂画没有涵盖的区域即可。如果所要抠取的是一个色彩比较单一的物体的话，直接在该物体上涂画即可，如图 4-22 所示。单击"替换背景"，在右边有各种颜色可供选择，也可以调取计算机中存储的图片作为背景，单击"另存为"，就可以将图片保存到本地，如图 4-23 所示。

图 4-21　"抠图"选项

图 4-22　自动抠图

（5）批处理。单击"批处理"，会弹出"批处理"对话框，可以通过单击"添加"来一张张添加，也可以选择一个文件夹，这样是添加这个文件夹里所有的图片，如图 4-24 所示。添加完成后，单击"下一步"，可以批量对选中的图片进行操作，此处可以选择需要批量处理的选项（以图片大小为例），可以选择多项，设定参数后（以设定 650＊400 为例），如图 4-25 所示。单击"下一步"，选择输出路径、输出文件名、输出格式等，这里如果是要替换掉原来的文件图片，选择原文件路径、原文件名、直接覆盖即可，设置完后单击"开始批处理"，如图 4-26 所示。

图 4-23　将图片保存到本地

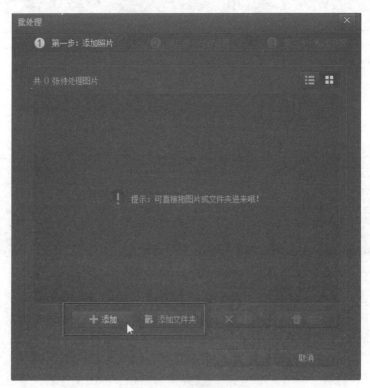

图 4-24　添加照片

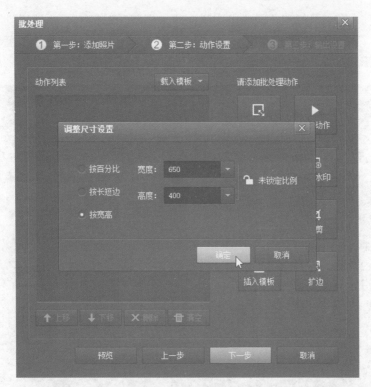

图 4 - 25 动作设置

图 4 - 26 输出设置

（6）排版。单击"排版"，会弹出"照片冲印排版"对话框。软件提供了很多排版的样式，如图 4-27 所示。这里以 8 张 1 寸照为例进行演示，单击"确定"后，原图片就以 8 张 1 寸照的形式展示出来，单击"另存为"即可保存 1 寸照片，如图 4-28 所示。

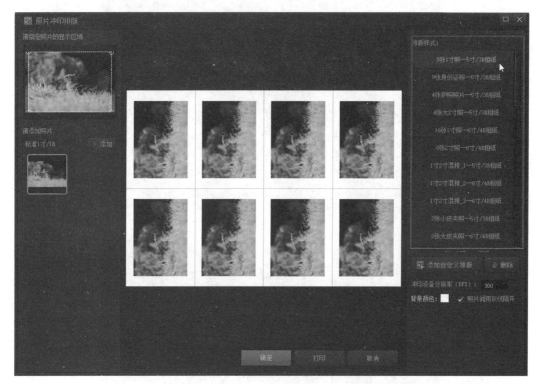

图 4-27　"样式"选项

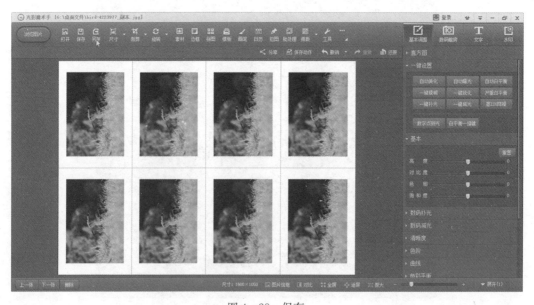

图 4-28　保存

任务3 屏幕截图软件：SnagIt

🌐 任务概述

图像捕捉软件是一种专门用于抓取屏幕内容的软件，可以抓取整个屏幕内容，也可以选择性的抓取屏幕的一部分内容。捕捉完图像后，一般还需要对其进行简单处理，才可以保存并应用到工作和生活中。在本任务中，我们将以 SnagIt 捕捉软件为例，介绍图像捕捉软件的使用方法。

SnagIt 是一款超强屏幕截图工具，支持各种形式的图像捕捉，包括常见窗口，DirectX 表面捕捉（游戏）和视频捕捉，web 捕捉，支持几乎所有常见的图片格式，并具有后期图片编辑和管理功能。

📠 任务重点与实施

1. 获取 用户可以通过登录官方网站获取安装文件，然后根据软件提供的协议对下载的软件进行有偿或无偿使用，图 4 - 29 所示为 "SnagIt" 官方网站提供的客户端免费安装软件。

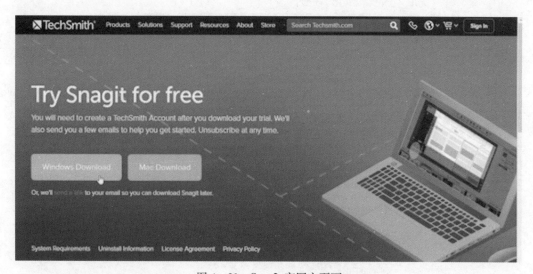

图 4 - 29 SnagIt 官网主页面

2. 安装 操作步骤如下：

步骤 1 打开 SnagIt 软件安装文件所在的磁盘位置，双击安装文件，如图 4 - 30 所示。

步骤 2 打开安装文件后，进行软件的安装。我们可以在安装设置中改变软件的安装目录。

步骤 3 安装结束后，单击 "Continue" 按钮，如图 4 - 31、图 4 - 32 所示。

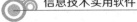

图 4 - 30　双击安装文件

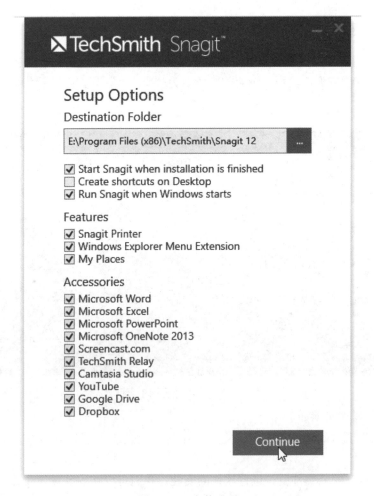

图 4 - 31　安装选项

图 4 - 32 安装完成

3. 使用

（1）安装 SnagIt 完成后，会在桌面创建如图 4 - 33 所示的图标，中间的红色按钮为截图按钮，左边的是打开 SnagIt 编辑器，右边的是打开其他选项和帮助，SnagIt 操作面板会自动贴到屏幕边缘且自动隐藏。

图 4 - 33 SnagIt 操作页面

（2）截图。单击中间红色的按钮就可以截图，或者可以使用快捷键，如图 4 - 34 所示。截图的范围可以使用鼠标拖动或使用下方的分辨率可以调节，如图 4 - 35 所示。选择好截图的范围，单击"照相机"就可截图，如图 4 - 36 所示。

项目四

图像管理工具

图 4 - 34　操作截图

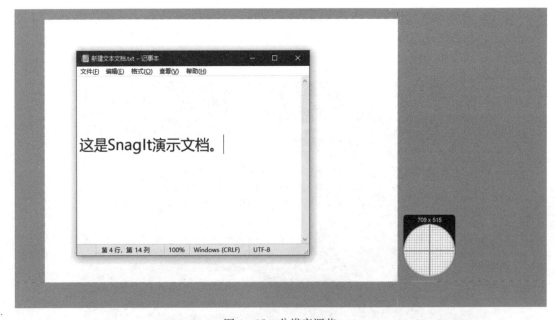

图 4 - 35　分辨率调节

（3）录制视频。SnagIt 不仅可以捕获图片，还提供了屏幕录制功能。通过配置文件设置好录屏模式（分别有区域、窗口、固定区域模式，还可以选择是否带光标），单击

图4-36 捕获信息

"视频"按钮会出现一个区域选择光标,选择想要录制的区域后单击区域下方的录制按钮即可开始录制。如图4-37所示。

图4-37 录制视频

（4）SnagIt 编辑器。截取好的图片会自动用 SnagIt 编辑器打开，软件顶部是一些常用的工具，可以对捕获的图片进行编辑、加注、调色、旋转、标记、发生等共 15 类功能处理。如果需要修改图片，用户可以自行选择。如图 4-38 所示。

图 4-38　SnagIt 编辑器

项目小结

通过本项目的学习，读者应重点掌握以下知识：

（1）可以熟练运用光影看图查看图片。

（2）能够熟练运用光影魔术手进行图片的美化等操作。

（3）学会使用屏幕截图软件 SnagIt，并进行图片处理。

项目习题

（1）下载光影看图及光影魔术手，并进行安装、使用。

（2）下载并安装屏幕截图软件 SnagIt，并对"二十大直播"进行截图转发。

项目五 | XIANGMUWU

音视频播放及编辑工具

◎项目概述

　　随着互联网和移动设备的普及，视频和音频已经成为人们获取信息、学习知识、娱乐休闲的主要来源之一，学习如何使用这类软件可以拓展我们的视野，帮助我们更好地理解和欣赏音视频作品，提高我们的审美水平。掌握这类软件的操作技能可以帮助我们更高效地完成音视频的收听观看，以及一些必要的编辑工作。这类软件通常有许多拓展功能，在我们收听观看之余，还可以让我们更轻松地制作出自己的精美作品。学好本项目的内容，对于我们的学习生活、职业发展等多个方面都有着重要的意义。

◎项目重点

　　1. 掌握腾讯视频各版本的登录、下载安装和使用方法。

　　2. 掌握 QQ 影音播放各种音视频文件的方法。

　　3. 掌握 QQ 影音工具箱中实用工具的使用方法。

◎项目目标

　　1. 掌握腾讯视频网页版的登录和使用方法。

　　2. 掌握腾讯视频 Windows 客户端的下载、安装、登录及使用方法。

　　3. 掌握 QQ 影音软件的下载、安装及播放各种音视频文件的方法。

　　4. 掌握 QQ 影音工具箱中截图、动画、连拍、截取、视频合并以及转码压缩的使用方法。

任务 1　腾讯视频

⊕ 任务概述

　　腾讯视频是腾讯公司在线视频媒体平台，拥有丰富的流行内容，是聚合热播影视、综艺娱乐、体育赛事、新闻资讯等为一体的综合视频内容平台，并通过网页版，PC 端，移动端，小程序及客厅产品等多种形态为用户提供高清流畅的视频娱乐体验，以满足用户不同的体验需求。其具有以下主要功能：

　　(1) 支持在线观看、离线缓存观看视频。

　　(2) 支持微信、QQ 登录腾讯视频。

　　(3) 支持通过频道推荐、观看历史、加入看单、搜索功能快速找到想看的视频。

　　(4) 支持 DLNA、AirPlay 投电视机观看。

⌨ 任务重点与实施

1. 腾讯视频网页版

(1) 登录腾讯视频网页版。通过登录腾讯视频官方网站可以进入腾讯视频网页版的界面。如图 5 - 1 所示。

图 5-1　腾讯视频网页版

腾讯视频网页版提供 QQ 账号登录和微信账号登录等登录方式。单击网页右上角头像图标即可弹出登录框，如图 5-2 所示。

图 5-2　登录界面

（2）使用腾讯视频网页版。腾讯视频网页版不进行登录也可以观看视频，完成登录后即可实现查看个人主页，云同步观看记录，评论和弹幕等功能，操作和使用方法较简单，这里不再赘述。如图 5-3 所示。

图5-3 腾讯视频网页版主界面

2. 腾讯视频 Windows 客户端

（1）下载腾讯视频 Windows 客户端。通过登录腾讯视频官方网站的下载页面进行腾讯视频 Windows 客户端的下载。如图5-4所示。

图5-4 客户端下载界面

（2）安装腾讯视频 Windows 客户端。双击安装程序即可将腾讯视频 Windows 客户端安装在相应的平台上。安装过程中可以选择快速安装，也可以进行自定义安装，可对安装的选项进行设置。如图5-5、图5-6、图5-7所示。

图5-5 安装界面

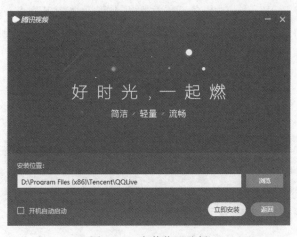

图 5-6　安装位置选择

图 5-7　安装过程

安装完成后，在安装完成界面单击"立即体验"按钮即可进入登录界面。如图 5-8
所示。

图 5-8　安装完成

（3）登录腾讯视频 Windows 客户端。首次进入腾讯视频 Windows 客户端程序界面时会弹出"用户服务协议及隐私政策"对话框，若希望继续使用程序，则需要单击"同意并继续"按钮。如图 5-9 所示。

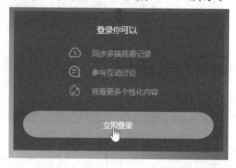

图 5-9　"用户服务协议及隐私政策"选项

腾讯视频 Windows 客户端提供 QQ 账号登录和微信账号登录等登录方式。单击网页右上角头像图标即可弹出登录框，如图 5-10、图 5-11 所示。

图 5-10　登录框

图 5-11　登录方式选择

（4）使用腾讯视频 Windows 客户端。腾讯视频 Windows 客户端不进行登录也可以观看视频，完成登录后即可实现查看个人主页，云同步观看记录，评论和弹幕，下载视频等功能，操作和使用方法较简单，这里不再赘述。如图 5-12 所示。

图 5-12　腾讯视频 Windows 客户端主页面

3. 腾讯视频其他客户端　腾讯视频覆盖多种平台，除了以上介绍的网页版和 Windows 客户端外还包括移动端，小程序及客厅产品，均可在腾讯视频官方网站的下载页面进行下载或登录，操作和使用方法较简单，这里不再赘述。如图 5-13、图 5-14、图 5-15 所示。

图 5-13　腾讯视频 iOS 客户端下载页面

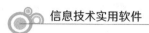

腾讯视频 小程序

V1.0.0 | 10.0MB | 2020-05-15

图 5-14　腾讯视频小程序页面

腾讯视频 TV 客户版

V11.2.0.1014 | 23.7MB | 2023-01-05 | 版本详情 >

立即下载

图 5-15　腾讯视频 TV 客户版下载页面

任务 2　QQ 影音

任务描述

　　QQ 影音是由腾讯公司推出的一款支持多种格式影片和音乐文件的本地播放器。QQ

影音首创轻量级多播放内核技术，深入挖掘和发挥新一代显卡的硬件加速能力，软件追求更小、更快、更流畅的视听享受。除了支持影片和音乐的本地播放外，QQ影音还内置了许多实用的视频音频的编辑工具。

任务重点与实施

1. 下载QQ影音 通过第三方网站华军软件园即可下载QQ影音软件的安装程序。如图5-16所示。

图5-16 华军软件园下载页面

2. 安装QQ影音 双击安装程序即可将QQ影音安装在相应的平台上。安装过程中可以选择快速安装，也可以进行自定义安装。如图5-17、图5-18、图5-19所示。

图5-17 安装界面

图 5-18　安装位置选择

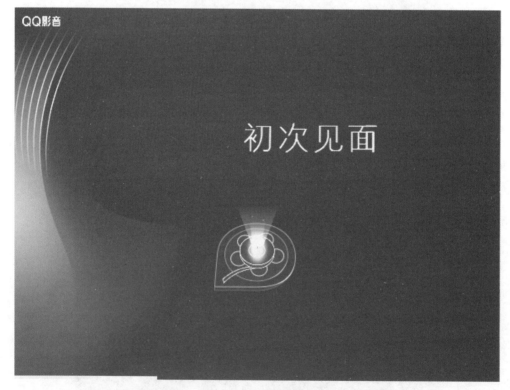

图 5-19　安装过程

　　安装完成后，在安装完成界面单击"立即体验"按钮即可进入软件界面。如图 5-20 所示。

　　3. 使用 QQ 影音播放视频　QQ 影音支持丰富的音视频文件格式。在使用 QQ 影音前

图 5-20　安装完成

可以通过软件左上角的设置选择对不同的文件默认用 QQ 影音打开。如图 5-21、图 5-22 所示。

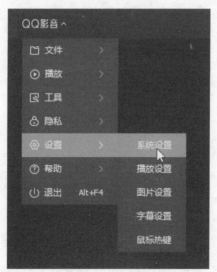

图 5-21　设置选项

...

　　设置完成后，打开对应格式的音视频文件即可使用 QQ 影音文件进行播放。

　　如果对应格式的音视频文件不是默认使用 QQ 影音打开，也可以右键单击该文件，在弹出的菜单中选择"使用 QQ 影音播放"选项即可使用 QQ 影音打开。如图 5-23 所示。

　　在播放音视频文件的过程中，通过右键单击播放界面，会弹出播放调节菜单，可以根据需求对播放情况进行设置和调整，操作和使用方法较简单，这里不再赘述。如图 5-24 所示。

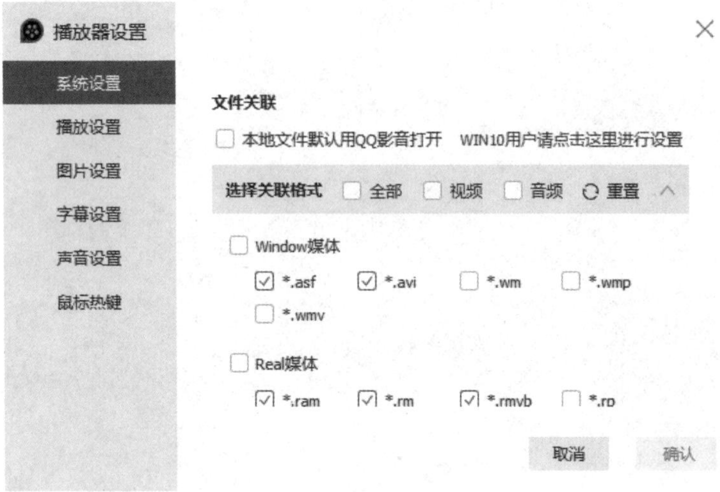

图 5-22　系统设置

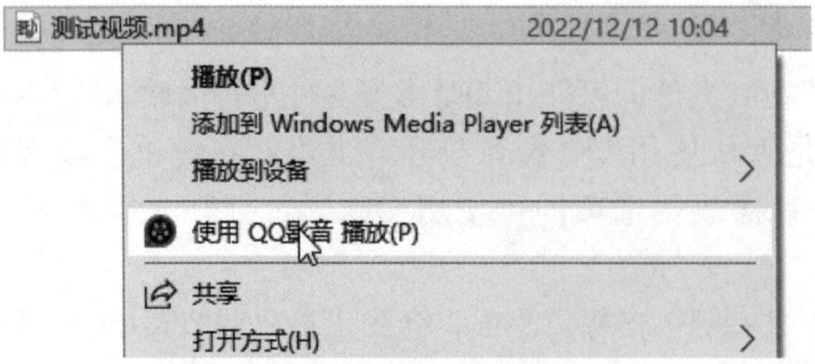

图 5-23　右键使用 QQ 影音播放

图 5-24　播放设置

项目五　音视频播放及编辑工具

4. 使用 QQ 影音工具箱　在 QQ 影音软件界面的右下角有打开工具箱的按钮。单击按钮会弹出 QQ 影音工具箱的菜单。菜单中包含多种实用工具。如图 5-25 所示。

图 5-25　"工具箱"选项

（1）截图。单击"截图"选项即可截取正在播放的画面为图片，并保存在相应的文件夹中。

（2）动画。单击"动画"选项即可节选一段视频片段，并将该视频片段转化为动态图片格式，可将其保存在相应的文件夹中。如图 5-26 所示。

图 5-26　动画选项

（3）连拍。单击"连拍"选项即在整个视频中选取 9 个时间点进行截图，并将这些截图拼合成为九宫格的图片形式（.jpg），可将其保存在相应的文件夹中。如图 5-27 所示。

（4）截取。单击"截取"选项即可节选一段视频片段，并保存在相应的文件夹中。如图 5-28 所示。

（5）视频合并。单击"视频合并"选项即可将添加的两段或多端视频片段合并成一段视频，并保存在相应的文件夹中。如图 5-29 所示。

（6）转码压缩。单击"转码压缩"选项即可将视频片段转换与原格式不同的视频，也可以将视频转换成音频，并保存在相应的文件夹中。在转换过程中可以对多个参数按需求进行调整。如图 5-30 所示。

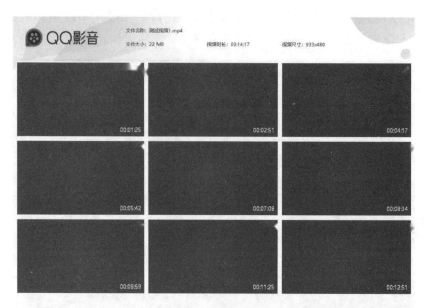

图 5 - 27　"连拍"选项

图 5 - 28　"截取"选项

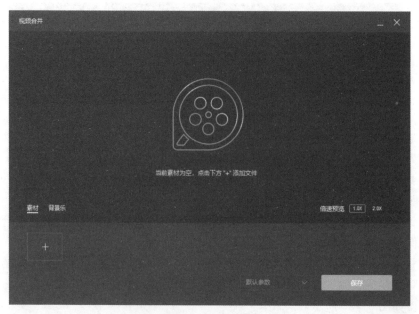

图 5 - 29　"视频合成"选项

图 5-30　"转码压缩"选项

➡项目小结

通过本项目的学习，读者应重点掌握以下知识：

（1）灵活运用腾讯视频在网络上搜索需要的节目。

（2）熟练运用 QQ 影音工具箱进行视频编辑等操作。

➡项目习题

（1）下载并安装腾讯视频，观看"党的二十大"相关视频。

（2）下载并安装 QQ 影音，并对本地视频进行编辑。

项目六 XIANGMULIU

安全防护软件

⊙项目概述

　　安全对于每一个人都是非常重要的。在信息社会，越来越多的办公文档与个人资料变成了计算机语言0和1的组合。科技的发展让工作和生活变得快捷方便，但同时也让安全问题变得日益严峻。日常生活中，人们浏览网站、下载资源的时候一不小心就可能中了木马和病毒。它们盗取账号、删除资料，开启摄像头偷窥用户隐私，也可能让用户的计算机变成"肉鸡"去攻击他人。为了保证计算机的使用安全，安全防护软件便成为装机必备软件之一。

⊙项目重点

　　1. 掌握 Windows Defender 使用方法，查找并清除病毒。

　　2. 利用火绒软件清除病毒、对系统进行修复和清理，修复和优化操作系统等操作。

⊙项目目标

　　1. 掌握常用杀毒软件的使用方法，查找并清除病毒。

　　2. 利用了解病毒分类和国内外常见杀毒软件。

　　3. 能够识别计算机的异常状况，并使用 Windows Defender、火绒清除病毒。

　　4. 学会使用火绒进行修复和清理。

　　5. 能够使用火绒修复和优化操作系统。

项目六　安全防护软件

任务 1　Windows Defender

🌐 任务概述

　　Windows Defender，曾用名 Microsoft Anti Spyware，中文名 Windows 守卫者，是一个杀毒程序，可以运行在 Windows XP 和 Windows Server 2003 操作系统上，并已内置在 Windows 7，Windows 10 和 Windows 11。Windows Defender 不像其他同类免费产品一样只能扫描系统，它还可以对系统进行实时监控，移除已安装的 Active X 插件，清除大多数微软的程序和其他常用程序的历史记录。从 Windows 10 开始，Windows Defender 已加入了右键扫描和离线杀毒，根据最新的每日样本测试，查杀率已经有了很大的提升，达到国际一流水准。

🖥 任务重点与实施

　　1. 获取　Windows Defender 是一个内置于系统的杀毒及防火墙程序，只要它在系统后台打开了，就会默默地守护系统的安全，防范一些危险的病毒入侵。

　　2. 使用

　　（1）单击左下角的"开始"菜单，在弹出的菜单中选择设置，如图 6-1 所示。

图 6-1　"开始"菜单

（2）在设置窗口找到"更新和安全"图标，单击该图标。如图 6-2 所示。

图 6-2　找到"更新和安全"

（3）选择左侧导航栏的"Windows 安全中心"，然后单击右侧"病毒和威胁防护"选项，如图 6-3 所示。

图 6-3　找到"病毒和威胁防护"

（4）下拉找到"Windows Defender 防病毒选项"，开启"定期扫描"，若不想使用则关闭即可，如图 6-4 所示。

（5）在"当前威胁"下有"快速扫描"以及"扫描选项"，打开"扫描选项"可以根据需要对计算机进行快速扫描或者全盘扫描，如图 6-5 所示。

Microsoft Defender 防病毒选项
你可以继续使用当前提供程序，让 Microsoft Defender 防病毒定期检查威胁。
定期扫描
开

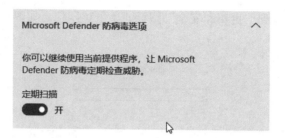

图 6-4　Windows Defender 防病毒选项

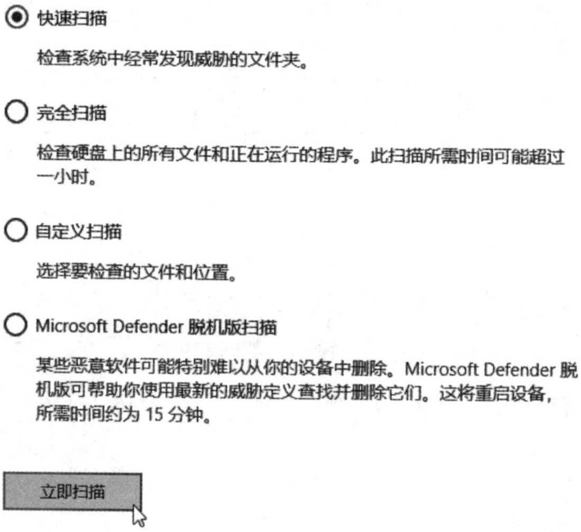

快速扫描
检查系统中经常发现威胁的文件夹。
完全扫描
检查硬盘上的所有文件和正在运行的程序。此扫描所需时间可能超过一小时。
自定义扫描
选择要检查的文件和位置。
Microsoft Defender 脱机版扫描
某些恶意软件可能特别难以从你的设备中删除。Microsoft Defender 脱机版可帮助你使用最新的威胁定义查找并删除它们。这将重启设备，所需时间约为 15 分钟。
立即扫描

图 6-5　扫描

（6）单击“立即扫描”按钮即可以用 Windows Defender 对计算机进行病毒查杀，如图 6-6 所示。

Windows 安全中心
主页
病毒和威胁防护
帐户保护
防火墙和网络保护
应用和浏览器控制
设备安全性
设备性能和运行状况
家庭选项
设置
扫描选项
运行快速、完整、自定义的扫描或 Microsoft Defender 脱机版扫描。
正在运行快速扫描...
估计剩余时间: 00:01:28
4495 个文件已扫描
取消
你可以在我们扫描设备时继续工作。
保护历史记录
有什么疑问?
获取帮助
帮助改进 Windows 安全中心
提供反馈
更改你的隐私设置
查看和更改 Windows 10 设备的隐私设置。
隐私设置
隐私仪表板
隐私声明

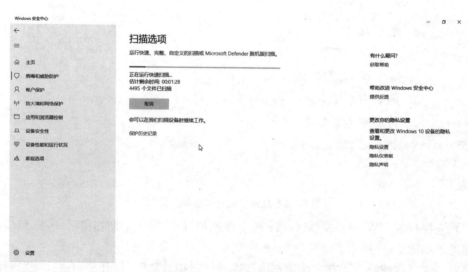

图 6-6　扫描过程

任务 2 火　　绒

🌐 任务概述

火绒是一款集防病毒、反黑客、反流氓软件、终端防护、网络防护、访问控制、自定义规则等功能为一体的终端安全软件，功能完备而专注、资源占用小、操作简单，拥有"强悍、轻巧、干净"的优质口碑。火绒新版继续延续无广告不捆绑的优良传统，在安装时可以放心单击"确认"不需要担心会捆绑附加软件。

⌨ 任务重点与实施

1. 获取

(1) 从官方网站下载。用户可以通过登录官方网站获取安装文件，然后根据软件提供的协议对下载的软件进行有偿或无偿使用，图 6-7 所示为火绒官方网站提供的客户端免费下载页面。

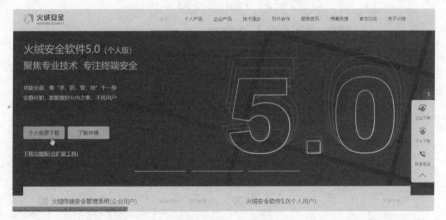

图 6-7　下载页面

(2) 从第三方下载站点下载。如图 6-8 所示。

2. 安装　操作步骤如下：

步骤 1　打开火绒安装文件所在的磁盘位置，双击安装文件，如图 6-9 所示。

步骤 2　打开安装文件后，进行软件的安装，可以根据需要更改安装目录。安装界面如图 6-10 所示。

步骤 3　软件安装完成后将自动打开运行，如图 6-11 所示。

3. 使用

(1) 病毒查杀。火绒病毒查杀能主动扫描在计算机中已存在的病毒、木马威胁。当选择了需要查杀的目标，火绒将通过自主研发的反病毒引擎高效扫描目标文件，及时发现病毒、木马，并能主动扫描在计算机中已存在的病毒、木马威胁。火绒病毒查杀为用户提供了全盘查杀、快速查杀和自定义查杀三种查杀方式，用户可以按照自己的需要进行选择。

图 6-8　中关村在线下载页面

此电脑 › Downloads › Programs

sysdiag-all-5.0.
73.1-2023.01.14
.1.exe

图 6-9　双击安装文件

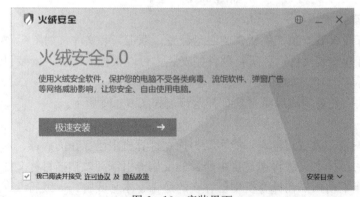

图 6-10　安装界面

图 6-11　火绒主程序

如图 6-12 所示。查杀界面如图 6-13 所示，用户可以自主选择查杀速度（常规、高速），是否启用 GPU 加速，是否查杀完成后自动关机等配置。

功能	说明
快速查杀	病毒文件通常会感染电脑系统敏感位置，【快速查杀】针对这些敏感位置进行快速的查杀，用时较少，推荐您日常使用。
全盘查	针对计算机所有磁盘位置进行查杀，用时较长，推荐您定期使用或发现电脑中毒后进行全面排查。
自定义查杀	您可以指定磁盘中的任意位置进行病毒扫描，完全自主操作，有针对性地进行扫描查杀。推荐您在遇到无法确定部分文件安全时使用。

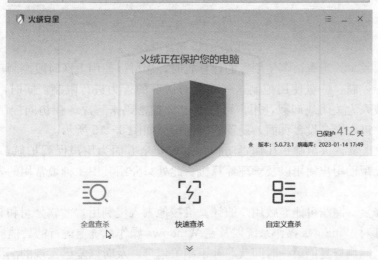

图 6-12　"病毒查杀"选项

图 6-13　查杀界面

（2）防护中心。火绒防护中心共有四大安全模块，共包含 22 类安全防护内容。当发现威胁动作触发所设定的防护项目时，火绒将为用户精准拦截威胁，避免计算机受到侵害。建议用户使用火绒默认防护即可，如图 6-14 所示。

图 6-14　防护中心

（3）访问控制。当有访客使用您的计算机时，您可以使用上网时段控制、程序执行控制、网站内容控制、U 盘使用控制这些功能对访客的行为进行限制。同时，为了避免各项功能开关被人为关闭或卸载，用户可以通过设置密码来解决。在访问控制页面中单击"密码保护"，进入安全设置页面，设置密码保护。如图 6-15 所示。

（4）安全工具。火绒除了在病毒防护与系统安全方面为用户保驾护航，还提供了 12 种安全工具，帮助用户使用以及管理计算机。此处只介绍其中 4 种最常用的安全工具。如图 6-16 所示。

①漏洞修复。漏洞可能导致用户的计算机被他人入侵利用。微软公司和其他软件公司会不定期地针对 Windows 操作系统以及在 Windows 操作系统上运行的其他应用发布相应的补丁程序，漏洞修复能第一时间获取补丁相关信息，及时修复已发现的漏洞。打开漏洞修复进入漏洞修复首页，单击"开始扫描"按钮进行漏洞修复扫描。如图 6-17 所示。

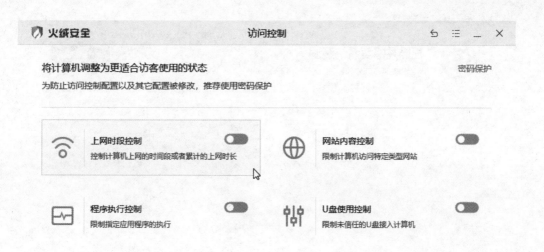

图 6-15　访问控制

图 6-16　安全工具

②系统修复。系统修复能修复因为木马病毒篡改、软件的错误设置等原因导致的各类

补丁管理

图 6-17　漏洞修复

计算机系统异常、不稳定问题，以保证系统安全稳定地运行。打开系统修复，进入系统修复主页，单击"开始扫描"按钮可开始扫描排查系统问题。如图 6-18 所示。

忽略区

图 6-18　系统修复

③弹窗拦截。很多计算机软件在使用的过程中，会通过弹窗的形式来推送资讯、广告甚至是一些其他软件，这些行为非常影响计算机的正常使用。火绒弹窗拦截采用多种拦截

形式，自主、有效地拦截弹窗。弹窗拦截开启后会自动扫描出计算机软件中出现的广告弹窗，并开始自动拦截。用户也可在首页中手动关闭某些不想拦截的弹窗。如图 6‑19 所示。

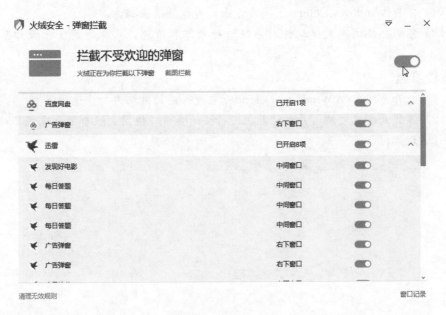

图 6‑19　弹窗拦截

④垃圾清理。火绒提供了垃圾清理工具，清理不必要的系统垃圾、缓存文件、无效注册表等，节省计算机使用空间。打开垃圾清理后，单击"开始扫描"按钮即可开始扫描计算机垃圾。如图 6‑20 所示。

图 6‑20　垃圾清理

➡ 项目小结

通过本项目的学习，读者应重点掌握以下知识：

（1）掌握 Windows Defender 使用方法，查找并清除病毒。

（2）能够熟练运用火绒软件对系统进行修复和清理，熟练运用优化操作系统等操作。

➡ 项目习题

（1）打开系统自带 Windows Defender 软件并对计算机进行快速扫描。

（2）下载并安装火绒，并对计算机进行快速查杀，使用火绒自带系统工具对计算机进行清理优化。

项目六

安全防护软件

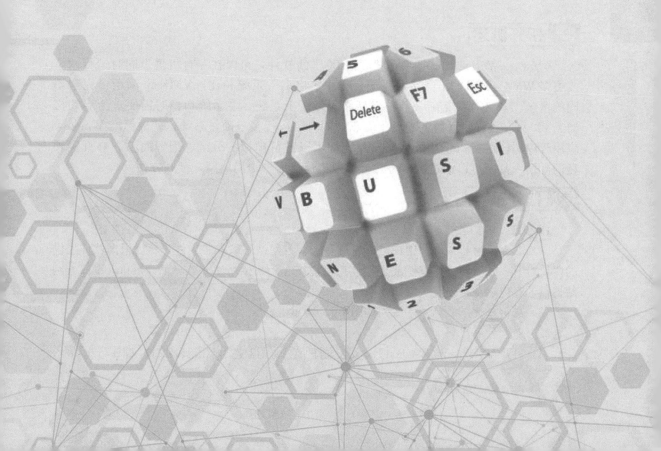

项目七 | XIANGMUQI

系统安装及管理软件

➡ **项目概述**

　　系统安装及管理软件是指用于安装、配置、管理和维护计算机系统的软件。对操作系统、应用软件、驱动程序等进行安装和配置，对系统进行管理和优化，从而保证系统的稳定性、可靠性和安全性。在计算机应用过程中，系统安装及管理软件的重要性不可忽略。只有合理使用这些软件，才能让计算机系统持续稳定运行，有利于提高工作效率和个人生产力，同时也能为数据安全提供基本保障。

➡ **项目重点**

　　1. VMware Workstation 使用方法。

　　2. 对硬盘进行分区。

　　3. 系统备份与还原。

➡ **项目目标**

　　1. 掌握 VMware Workstation 使用方法，并新建虚拟 Windows 10 系统。

　　2. 制作一键 U 盘安装系统软件。

　　3. 使用驱动总裁对计算机驱动进行升级与备份。

　　4. 掌握使用 DiskGenius 进行硬盘分区的方法。

　　5. 能够使用"Ghost"对系统进行备份与还原。

任务 1　虚拟机安装软件：VMware Workstation Pro

🌐 任务概述

　　VMware Workstation 是一个"虚拟 PC"的软件，可以在一台机器上同时运行两个或更多 Windows、DOS、Linux 系统。与"多启动"系统相比，VMware 采用了完全不同的概念。多启动系统在一个时刻只能运行一个系统，在系统切换时需要重新启动机器。VMware 是在主系统的平台上真正"同时"运行多个操作系统，就像标准 Windows 应用程序那样切换；而且每个操作系统都可以进行虚拟的分区、配置而不影响真实硬盘的数据，甚至可以通过网卡将几台虚拟机连接为一个局域网，极其方便。

⌨ 任务重点与实施

1. 获取

（1）从官方网站下载。用户可以通过登录官方网站获取安装文件，然后根据软件提供的协议对下载的软件进行有偿或无偿使用，图 7-1 所示为 VMware Workstation 官方网站提供的客户端免费安装页面。

（2）从第三方下载站点下载。如图 7-2 所示。

2. 安装

（1）打开 VMware Workstation Pro 安装文件所在的磁盘位置，双击安装文件，如图 7-3 所示。

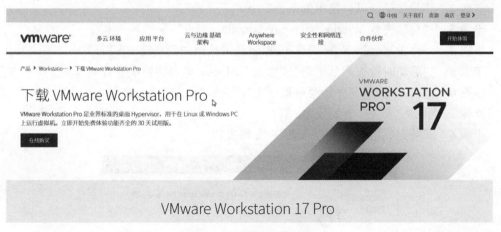

图 7 - 1 官网下载页面

图 7 - 2 华军软件园下载页面

图 7 - 3 双击安装文件

（2）打开安装文件后，进行软件的安装。安装界面如图 7 - 4 所示，操作步骤如下：
步骤 1 在安装向导中，单击"下一步"；

步骤 2 "我接受许可协议中的条款"→"下一步";

步骤 3 "自动安装 Windows Hypervisor Platform"→"下一步";

步骤 4 "将 VMware Workstation 控制台工具添加到系统 PATH"→"下一步";

步骤 5 "启动时检查产品更新""加入 VMware 客户体验提升计划"→"下一步";

步骤 6 复选"桌面""开始菜单程序文件"→"下一步";

步骤 7 单击"安装"开始安装;

步骤 8 安装完成后,单击"完成",安装成功。

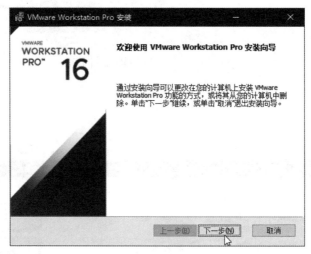

图 7-4 使用安装向导

3. 使用——创建虚拟系统(以 Windows 10 为例)

(1)双击桌面图标打开 VMware Workstation Pro,进入主页,如图 7-5 所示。

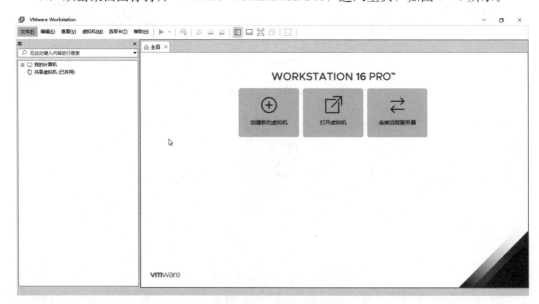

图 7-5 主界面

（2）单击菜单栏的"文件"，单击"新建虚拟机"，如图 7-6 所示。

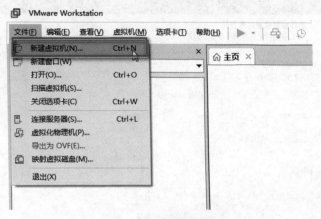

图 7-6　新建虚拟机

（3）选择"自定义"，单击"下一步"，如图 7-7 所示。

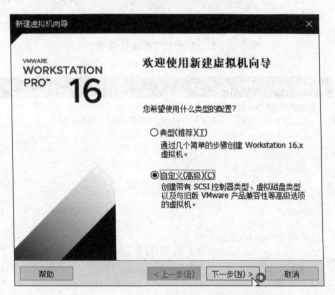

图 7-7　使用新建虚拟机向导

（4）选择虚拟机硬件兼容性，这里默认选最高版本不用改，因为一般新版本是兼容老版本的，再单击"下一步"，如图 7-8 所示。

（5）然后选择"稍后安装操作系统"，再单击"下一步"，如图 7-9 所示（因为有的操作系统镜像文件在安装的时候会识别不出来或者应用某些默认的设置导致后期使用的时候有莫名其妙的问题，所以无论安装什么操作系统这里都选稍后安装）。

（6）"选择客户机操作系统"这里可以在"版本"中选择要安装的系统版本，如图 7-10 所示（要安装的是哪个系统镜像就选哪个，没标注的是 32 位版本，标注 ×64 的是 64 位版本。同理，如果安装的是 Linux 系统就选中 Linux，然后再在下拉菜单里选择对应的版本即可）。

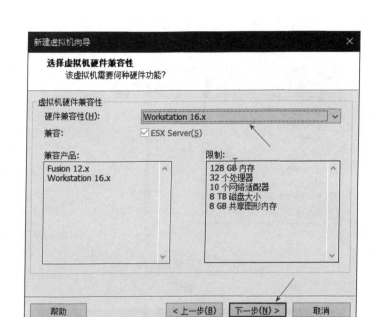

图 7-8　选择虚拟机硬件兼容性

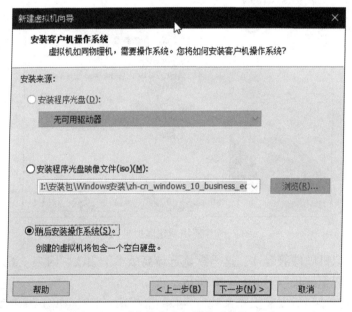

图 7-9　"安装客户机操作系统"选项

（7）命名虚拟机。虚拟机名称指的是在 VMware 这个软件里显示的标签名称，不是进入系统以后的名称，后期可以进行更改；"位置"是这个虚拟机的保存路径，请根据磁盘空间自行更改，再单击"下一步"。如图 7-11 所示。

（8）"固件类型"默认 UEFI 即可，因为是虚拟系统所以选哪个都行，不用勾选"安全引导"，再单击"下一步"。如图 7-12 所示。

项目七　系统安装及管理软件

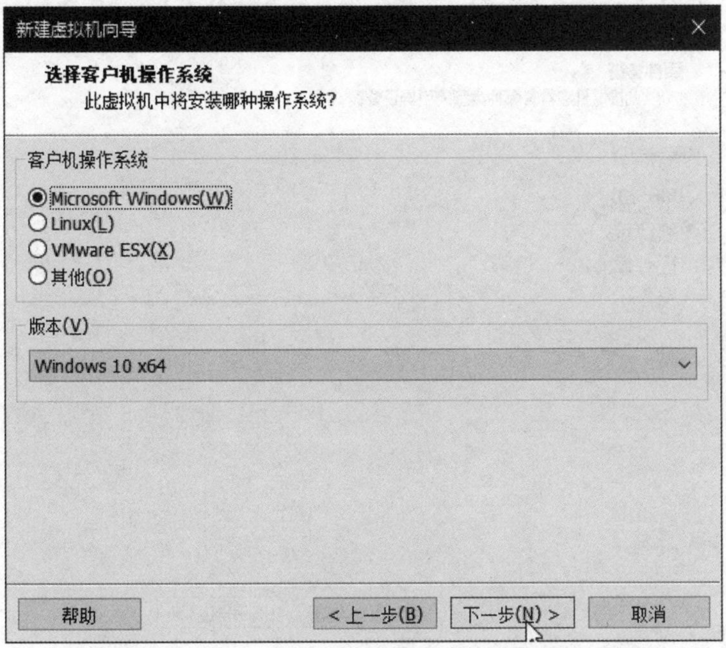

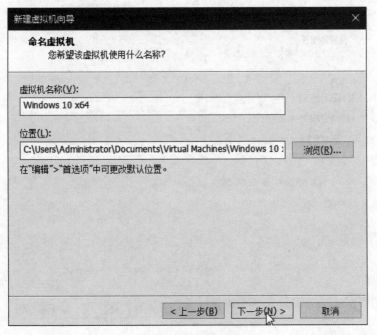

图 7-10 "选择客户机操作系统"选项

图 7-11 命名虚拟机

（9）处理器数量为1，内核数量保持默认即可，单击"下一步"。如图 7-13 所示（后期如果感觉虚拟机太慢可以进行更改，原则是计算机的实际线程数≥虚拟机中配置的处理器数量×内核数量）。

项目七

系统安装及管理软件

图 7 - 12 "固件类型"选项

图 7 - 13 "处理器配置"选项

　　（10）内存大小根据计算机实际内存大小和需求来改（所有运行中的虚拟机加起来占用的内存大小不能超过计算机的实际内存大小），后期同样可以进行修改。单击"下一步"。如图 7 - 14 所示。

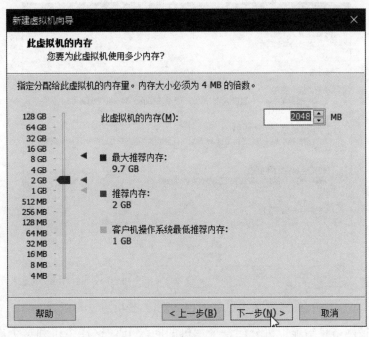

图 7-14　"虚拟机内存"选项

（11）"网络类型"保持默认，单击"下一步"。如图 7-15 所示。

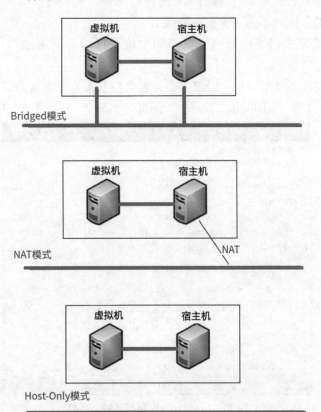

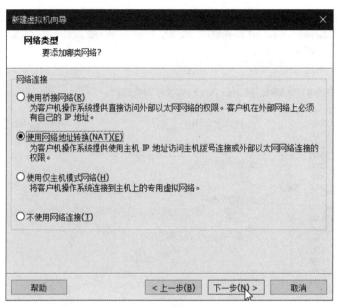

图 7-15 "网络类型"选项

①使用桥接网络是给虚拟机分配一个主机的同级 IP，这样主机和这个虚拟机就处在同一级局域网下。

②使用网络地址转换是通过 VMware 的虚拟网络功能，再虚拟出一层局域网，属于主机那层局域网的子网，不占用主机的同级 IP。

③使用仅主机模式网络是虚拟机只能和主机进行内部网络通信，而不能访问外网连接。

（12）"I/O 控制器类型"和"磁盘类型"都会根据系统和磁盘的不同自动推荐不同的选项，所以都保持默认直接单击"下一步"即可。如图 7-16、图 7-17 所示。

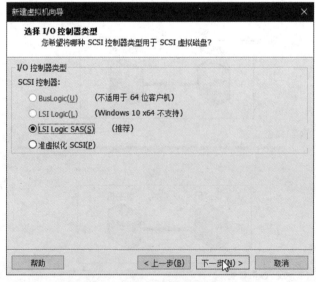

图 7-16 "I/O 控制器类型"选项

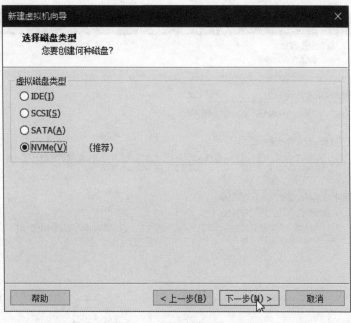

图 7-17 "磁盘类型"选项

（13）"选择磁盘"保持默认选项"创建新虚拟磁盘"，单击"下一步"。如图 7-18 所示。

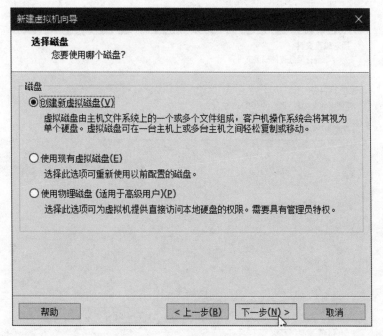

图 7-18 "选择磁盘"选项

（14）"最大磁盘大小"保持默认即可，选择"将虚拟磁盘存储为单个文件"，并且注意不要勾选"立即分配所有磁盘空间"，单击"下一步"。如图 7-19 所示。

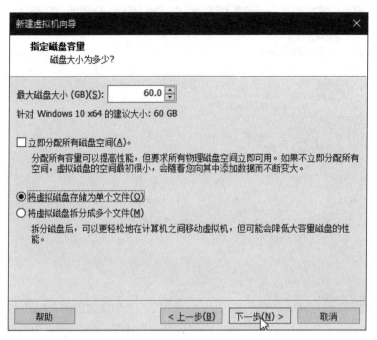

图 7 - 19   "指定磁盘容量"选项

（15）"指定磁盘文件"直接默认即可，单击"下一步"。如图 7 - 20 所示。

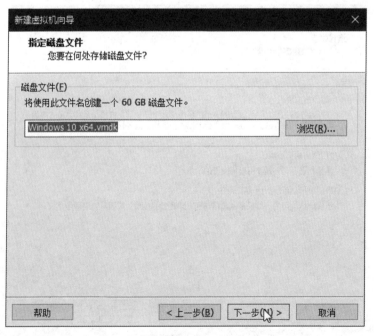

图 7 - 20   "指定磁盘文件"选项

（16）这里不要先单击"完成"，按照下图操作序号依次选择要安装的系统镜像，然后再单击"完成"。如图 7 - 21 所示。

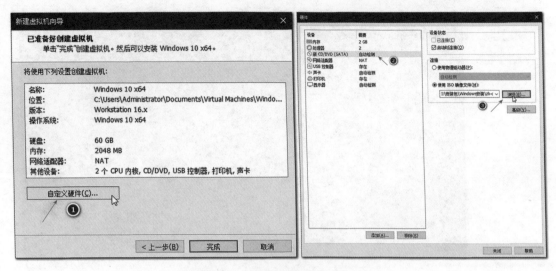

图 7 - 21　选择安装的系统镜像文件

（17）单击"开始虚拟机"就会启动虚拟机自动运行系统镜像进行安装。如图 7 - 22 所示。

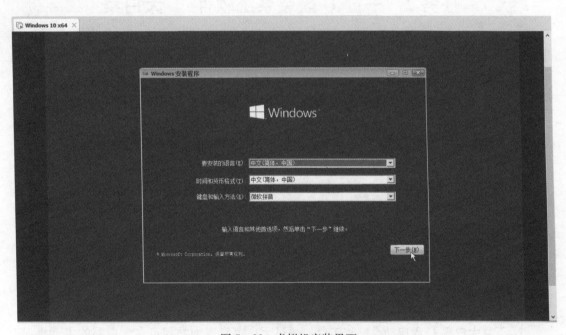

图 7 - 22　虚拟机安装界面

（18）操作系统安装完成后，在主界面左侧会列出创建好的虚拟机，右侧会显示刚刚创建的虚拟机 Windows 10 操作系统。如图 7 - 23 所示。

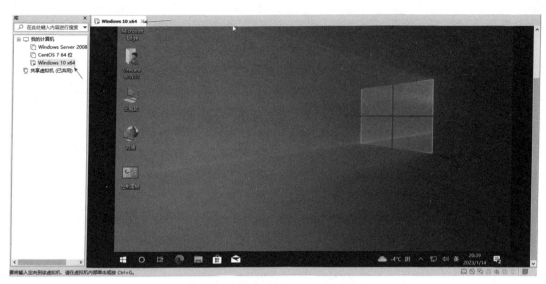

图 7-23　虚拟机系统主界面

任务2　一键 U 盘装系统软件：大白菜

任务概述

大白菜 U 盘 PE 系统是一款可以快速制作万能启动 U 盘的工具软件，操作极其方便简单。首先，运用大白菜 U 盘启动盘制作工具将 U 盘制作成为启动 U 盘。之后，使用制作好的 U 盘启动盘进行系统的安装和管理。其具有以下特点：

（1）操作方便简单，所有操作只需要点一下鼠标，即可快速完成 U 盘安装系统。

（2）U 盘启动系统集成大白菜精心制作和改良的 PE 系统，真正可以识别众多不同硬盘驱动 PE 系统，集成 U 盘装系统、硬盘数据恢复、密码破解等等实用的程序。

（3）自定义启动 U 盘装系统加载，只需在大白菜官网或其他网上找到各种功能的 PE 或者其他启动系统，制作时添加一下，自动集成到启动 U 盘装系统中。

（4）U 盘装系统时 U 盘启动区自动隐藏，防病毒感染破坏，剩下的空间可以正常当 U 盘使用，无任何干扰。

任务重点与实施

1. 下载大白菜 U 盘启动盘制作工具　通过大白菜官方网站即可在大白菜的主页找到相应的下载地址。如图 7-24 所示。

单击不同软件版本对应的按钮即可进入对应的下载界面。此处以"装机版 UEFI"为例。如图 7-25 所示。

单击"装机版 UEFI"按钮，即可开始下载。

图 7-24　大白菜官网下载界面

图 7-25　"软件版本"选项

2. 使用大白菜 U 盘启动盘制作工具　大白菜 U 盘启动盘制作工具以压缩文件的形式下载到本地后，需要对其进行解压。如图 7-26 所示。

对压缩文件进行解压后，进入对应的文件夹中，打开可执行文件 DaBaiCai.exe 即可使用大白菜 U 盘启动盘制作工具。如图 7-27、图 7-28 所示。

DaBaiCai_v6.0_2212.zip

图 7-26　压缩文件

名称	修改日期	类型	大小
Data	2018/9/19 9:42	文件夹	
DaBaiCai.exe	2022/12/3 10:12	应用程序	3,399 KB

图 7-27　启动盘制作工具

3. 使用大白菜 U 盘启动盘制作工具制作 PE 启动 U 盘　操作步骤如下：

步骤 1　需要在计算机中插入一个 U 盘。制作 PE 启动 U 盘的过程中需要对 U 盘进

图 7-28 启动盘主界面

行格式化，因此，所插入的 U 盘中不要包含重要的数据。

步骤 2 在大白菜 U 盘启动盘制作工具操作界面中选择刚才插入的 U 盘。如图 7-29 所示。

图 7-29 "启动 U 盘"选项

步骤 3 单击"一键制作成 USB 启动盘"按钮后稍等片刻，即可将插入的 U 盘制作成 PE 启动 U 盘。在长期的实践中，制作 PE 启动 U 盘时不必修改 U 盘的"模式"和"格式"两个选项，保持默认即可。如图 7-30 所示。

4. 使用大白菜 PE 启动 U 盘为计算机安装操作系统 操作步骤如下：

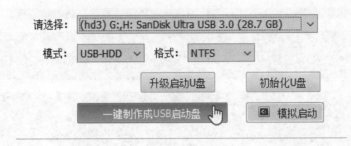

图 7-30 启动 U 盘一键制作

步骤1 将大白菜 PE 启动 U 盘插入计算机，启动计算机后可以根据需要通过 BIOS 或者快捷键选择启动顺序。选择大白菜 PE 启动 U 盘作为启动项，即可进入大白菜 PE 启动 U 盘主菜单。如图 7-31 所示。

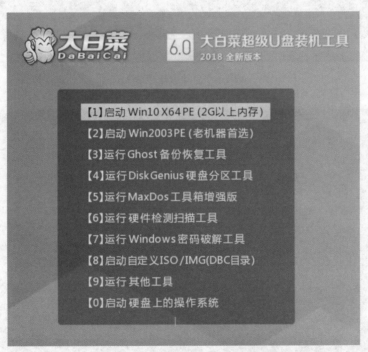

图 7-31 大白菜 PE 启动 U 盘主菜单

步骤2 选择"启动 Win10 ×64 PE（2G 以上内存）"选项。选定后即可进入大白菜 PE 系统界面。如图 7-32、图 7-33 所示。

注意：如果需要安装操作系统的计算机较旧可以选择"启动 Win2003PE（老机器首选）"选项。

步骤3 打开大白菜一键装机工具，根据需要选择要进行安装的操作系统镜像文件，镜像文件载入后可进行操作系统版本的选择。此处以"Windows 10 64 位教育版"为例。如图 7-34、图 7-35、图 7-36 所示。

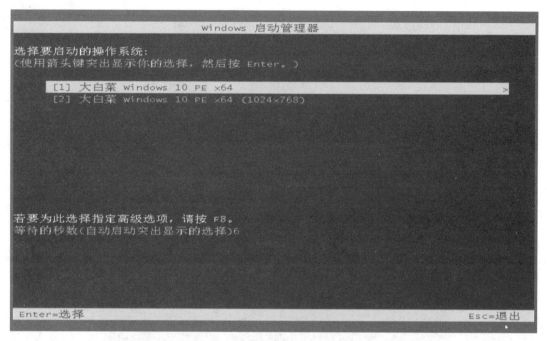

图 7 - 32 "启动操作系统" 选项

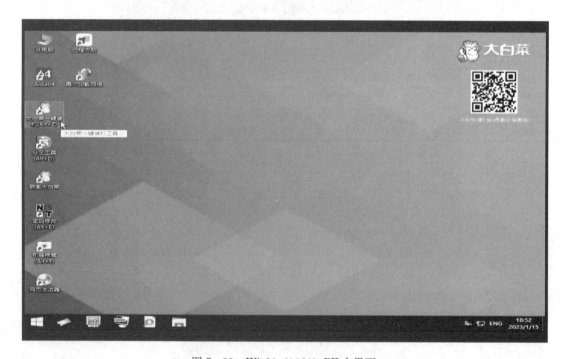

图 7 - 33 Win10 （×64） PE 主界面

步骤 4 选择要安装操作系统的硬盘分区。如图 7 - 37 所示。

在安装之前可使用大白菜 PE 系统中的 DiskGenius 软件对硬盘进行分区。

图 7-34　安装系统

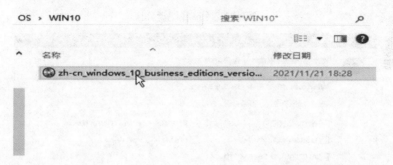

图 7-35　"镜像文件"选项

图 7-36　镜像文件版本选择

　　步骤 5　确定要安装操作系统的硬盘分区后，单击"执行"按钮会弹出设置对话框，根据需要选择相应的设置即可。确认后单击"是"按钮即可进入系统安装界面，大白菜 PE 系统会自动进行后续的操作，注意保持计算机不要断电，等待操作系统安装完成即可。如图 7-38、图 7-39 所示。

图 7-37　选择硬盘分区

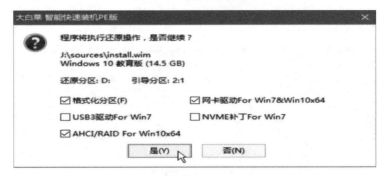

图 7-38　设置

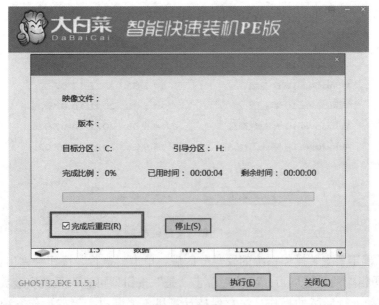

图 7-39　安装

任务 3　驱动安装：驱动总裁

任务概述

驱动总裁是由系统总裁自主开发的一款既能在桌面，又能在 PE 下安装硬件驱动的软件，集在线和离线双模式为一体，可以为笔记本、台式机等运行 Windows 操作系统的 bootcamp 软件自动匹配安装驱动的综合驱动工具，在线拥有庞大丰富的驱动库，界面友好，简单好用，功能丰富，自定义方式多样，拥有多项独家技术，轻松解决硬件驱动各种问题。其具有以下特点：

（1）能够精准扫描硬件并匹配最佳驱动及兼容驱动列表。

（2）拥有一键智能安装和手动自选安装双安装模式。

（3）拥有离线驱动包加在线安装双驱动模式。

（4）能够智能识别各种运行环境并做相应环境处理。

（5）免费使用，不限制驱动的下载速度。

任务重点与实施

1. 下载驱动总裁　通过驱动总裁官方网站可以进入驱动总裁的相关页面。如图 7 - 40 所示。

图 7 - 40　驱动总裁下载

单击相应软件版本对应的按钮即可进入对应的下载页面。此处以"万能网卡版"为例。如图 7 - 41 所示。

进入下载页面后可根据实际情况选择不同的下载方式。此处以"本地下载"为例。

单击"本地下载"按钮，会弹出多个下载链接，根据实际情况选择不同的版本下载即可。此处以"安装包 EXE 版本下载一"为例。如图 7 - 42 所示。

单击"安装包 EXE 版本下载一"按钮，进入下载页面，选中相应的安装程序后单击页面右上角"下载文件"按钮即可开始下载。如图 7 - 43 所示。

图 7-41 万能网卡版下载

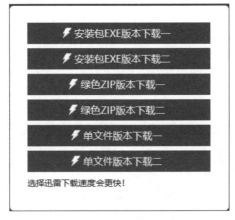

图 7-42 "下载版本"选项

图 7-43 下载文件

2. 安装驱动总裁 双击安装程序即可将驱动总裁安装在相应的平台上，安装界面中可以对各安装的选项进行设置。如图 7-44 所示。

安装完成后，在安装完成界面单击"立即体验"按钮即可进入软件界面。如图 7-45、图 7-46 所示。

图 7-44　"驱动总裁安装"选项

图 7-45　安装完成

图 7-46　驱动总裁主界面

3. 使用驱动总裁　驱动总裁安装完成后会自动检测计算机中驱动的安装情况。如果计算机驱动程序中存在未安装或者安装版本较旧的情况，该驱动在驱动管理页面中会显示为红色。此时，只需单击该驱动右侧的"下载升级"按钮进行下载和升级即可。驱动升级成功后，该驱动会显示为蓝色。

在使用此功能时，驱动总裁需要使用微信进行扫码授权。如图 7-47 所示。

图 7-47　微信授权

驱动总裁除了对计算机的驱动进行管理外还提供了工具箱的功能。工具箱中的各项功能模块下载成功后即可使用，操作和使用方法较简单，这里不再赘述。如图 7-48 所示。

图 7-48　工具箱

驱动总裁的电脑诊所功能可以通过在线下单的形式付费获取对计算机存在的各种问题的远程诊断与修复。这里不再赘述。如图 7-49 所示。

图 7-49　电脑诊所

任务 4　硬盘分区：DiskGenius

任务概述

DiskGenius 是一款硬盘分区及数据恢复软件。它是在最初的 DOS 版的基础上开发的。Windows 版本的 DiskGenius 软件，除了继承并增强了 DOS 版的大部分功能外，还增加了许多新的功能。如：已删除文件恢复、分区复制、分区备份、硬盘复制等功能。另外还增加了对 VMWare、Virtual PC、VirtualBox 虚拟硬盘的支持。

任务重点与实施

1. 获取

（1）从官方网站下载。用户可以通过登录官方网站获取安装文件，然后根据软件提供的协议对下载的软件进行有偿或无偿使用，图 7-50 所示为 DiskGenius 官方网站提供的客户端免费安装软件。

（2）从第三方下载站点下载。如图 7-51 所示。

2. 安装　解压缩下载好的 DiskGenius 文件压缩包，即可打开 DiskGenius 主程序，如图 7-52 所示。

3. 使用

（1）DiskGenius 主界面。DiskGenius 的主界面由三部分组成。分别是硬盘分区结构

图 7-50　官网下载

图 7-51　中关村软件下载

图、分区目录层次图、分区参数图。

①硬盘分区结构图区域用不同的颜色显示了当前硬盘的各个分区。用文字显示了分区卷标、盘符、类型、大小。逻辑分区使用了网格表示，以示区分。用粉色框圈表示的分区为"当前分区"。用鼠标单击可在不同分区间切换。结构图下方显示了当前硬盘的常用参数。通过单击左侧的两个"箭头"图标可在不同的硬盘间切换。

②分区目录层次图区域显示了分区的层次及分区内文件夹的树状结构。通过单击可切

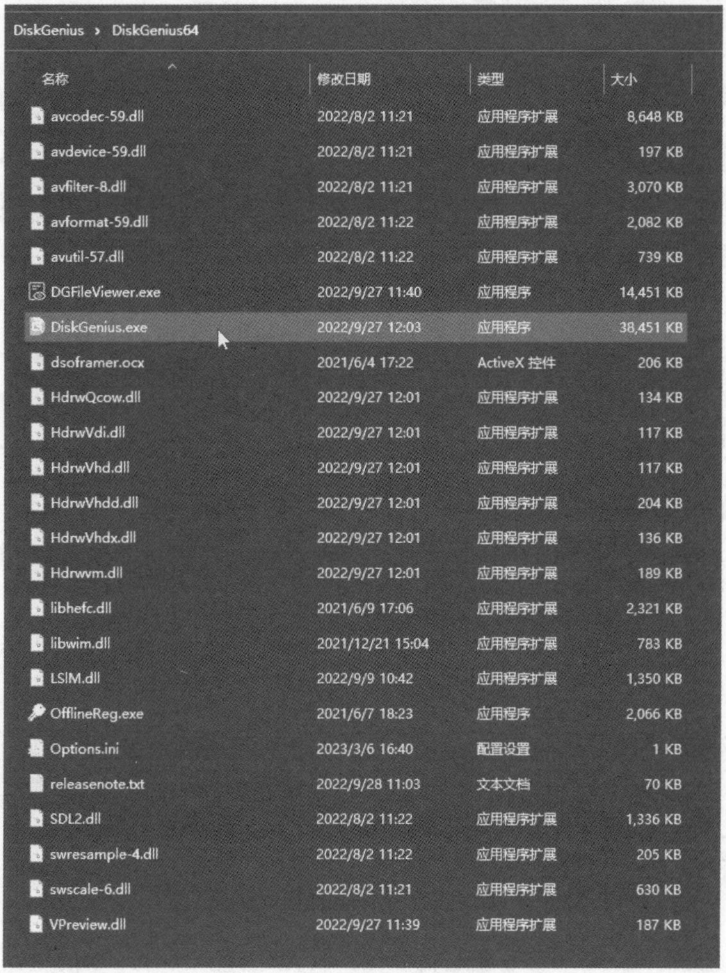

图 7 - 52　DiskGenius 文件夹

换当前硬盘、当前分区。也可单击文件夹，在右侧会显示文件夹内的文件列表。

　　③分区参数图区域上方显示了"当前硬盘"各个分区的详细参数（起止位置、名称、容量等），下方显示了当前所选择的分区的详细信息。如图 7 - 53 所示。

　　（2）创建分区。创建分区之前首先要确定准备创建的分区类型。MBR 磁盘有三种分区类型，它们是"主分区""扩展分区"和"逻辑分区"。"主分区"是指直接建立在硬盘上、一般用于安装及启动操作系统的分区。由于分区表的限制，一个硬盘上最多只能建立四个主分区，或三个主分区和一个扩展分区；"扩展分区"是指专门用于包含逻辑分区的一种特殊主分区。可以在扩展分区内建立若干个逻辑分区；"逻辑分区"是指建立于扩展分区内部的分区，没有数量限制。GPT 磁盘没有主分区和逻辑分区这些概念。

　　①在磁盘空闲区域，建立新分区，操作步骤如下：

　　步骤 1　要建立主分区或扩展分区，首先在硬盘分区结构图区域选择要建立分区的空

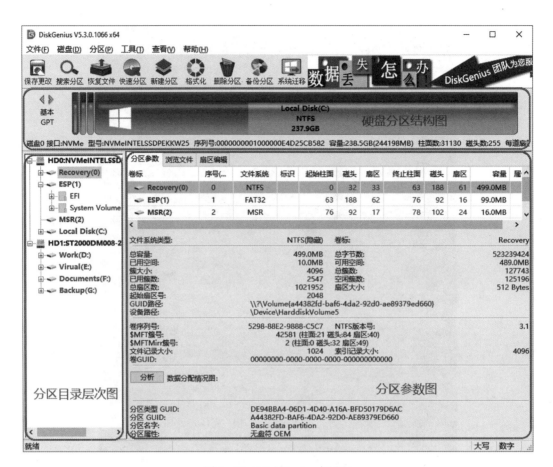

图 7-53　DiskGenius 主界面

闲区域（以灰色显示）。如果要建立逻辑分区，要先选择扩展分区中的空闲区域（以绿色显示）。然后单击工具栏"新建分区"按钮，或依次选择"分区→建立新分区"选项，也可以在空闲区域上单击鼠标右键，然后在弹出的菜单中选择"建立新分区"选项。程序会弹出"建立分区"对话框。如图 7-54 所示。

步骤 2　按需要选择分区类型、文件系统类型、输入分区大小后单击"确定"按钮即可建立分区。

如果需要设置新分区的更多参数，可单击"详细参数"按钮，以展开对话框进行详细参数设置。如图 7-55 所示。

②在已经建立的分区上，建立新分区，操作步骤如下：

步骤 1　选中需要建立新分区的分区，单击鼠标右键，选择"建立新分区"选项，如图 7-56 所示。

步骤 2　在弹出的"调整分区容量"对话框中，设置新建分区的位置与大小等参数，然后单击"开始"按钮。如图 7-57 所示。

（3）激活分区。要将当前分区设置为活动分区，单击菜单"分区→激活当前分区"选项，也可以在要激活的分区上单击鼠标右键并在弹出菜单中选择"激活当前分区"选项。

图 7-54　建立新分区

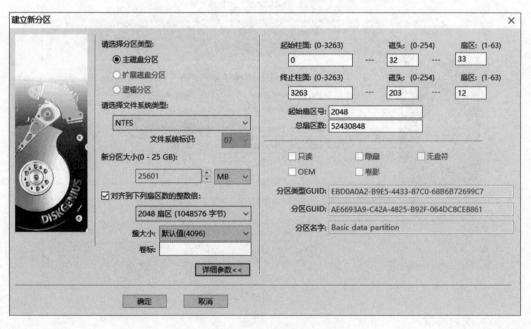

图 7-55　参数设置

如果其他分区处于活动状态，将显示如图 7-58 的警告信息。

单击"是"即可将当前分区设置为活动分区。同时清除原活动分区的激活标志。

通过单击菜单"分区→取消分区激活状态"选项，可取消当前分区的激活状态，使硬

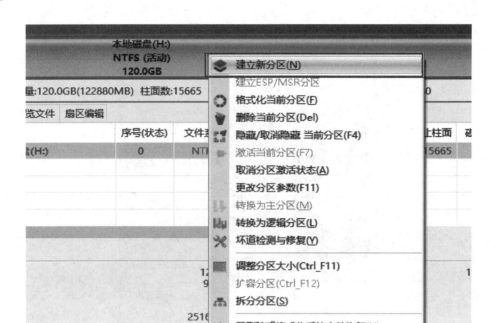

图 7-56　建立新分区

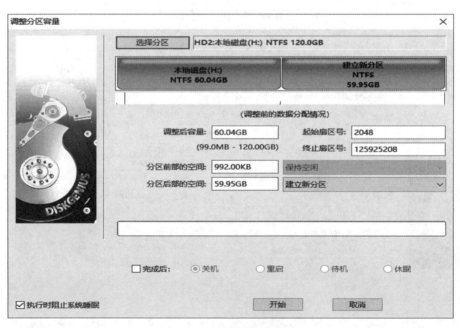

图 7-57　调整分区容量

盘上没有活动分区。

　　活动分区是指 MBR 磁盘上用以启动操作系统的一个主分区，一块硬盘上只能有一个活动分区。GPT 磁盘没有活动分区这个概念。

　　（4）删除分区。先选择要删除的分区，然后单击工具栏按钮"删除分区"，或单击菜单"分区→删除当前分区"选项，也可以在要删除的分区上单击鼠标右键并在弹出菜单中

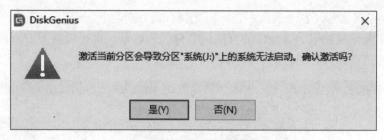

图 7-58　确认警告信息

选择"删除当前分区"选项，将显示如图 7-59 的警告信息。

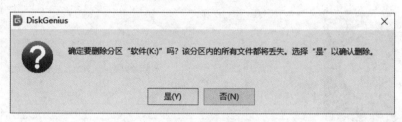

图 7-59　删除警告信息

　　单击"是"按钮，然后单击"保存更改"按钮，完成分区删除任务。

　　（5）拆分分区。当觉得磁盘分区数量少时，可以利用 DiskGenius 的拆分分区功能，把某个分区的全部或者部分可用空间单独划分出来，形成一个新的分区。操作步骤如下：

　　步骤 1　在需要拆分的分区上，单击鼠标右键，在弹出的菜单中，选择"拆分分区"选项，如图 7-60 所示。

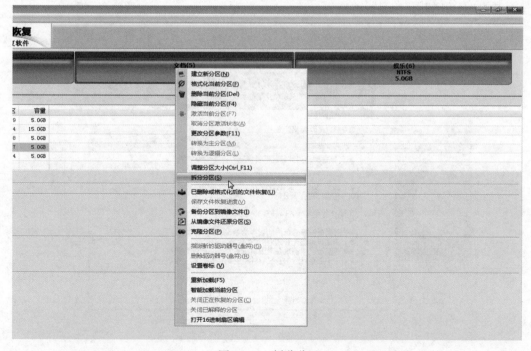

图 7-60　拆分分区

　　步骤 2　在调整分区容量窗口中，可以把鼠标放在分区拆分线上，当出现左右双向箭头时，用按住鼠标左键拖动拆分线的方法调节分区的容量，也可以在下方直接输入想要调整的容量，达到直接拆分的目的。如图 7-61 所示。

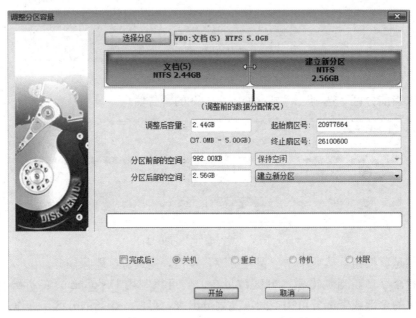

图 7-61　调整分区容量

　　步骤 3　容量调整好以后，单击"开始"按钮，在弹出的对话框中，单击"是"按钮，开始拆分。如图7-62 所示。

图 7-62　开始拆分

步骤4 拆分后的界面，如图7-63所示。

图7-63 拆分后界面

（6）合并分区。合并分区前一定要把被合并分区的资料备份。合并分区操作步骤如下：

步骤1 首先删除掉被合并的分区，如图7-64所示。在弹出的窗口中单击"确定"按钮，删除分区。

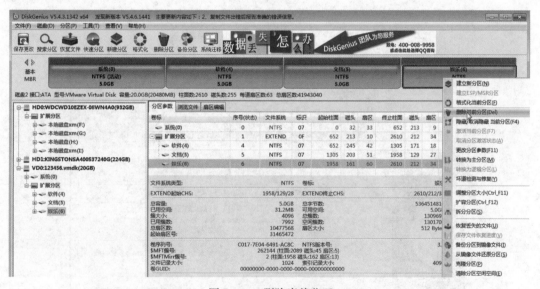

图7-64 删除当前分区

步骤2 找到并单击"调整分区大小"选项。如图7-65所示。

步骤3 在调整分区容量窗口中，把鼠标放在待扩容的分区和空闲空间的边界处，待出现左右箭头时，拖动箭头到右边最大处，单击"开始"按钮，完成分区的扩容。这样就变相达到了合并分区的目的。如图7-66、图7-67、图7-68所示。

（7）快速分区。DiskGenius提供了快速分区的功能，初学者使用这个功能，可以轻松完成分区数量、大小、卷标等参数的一键设置，分区完成后，软件会自动激活第一个分区。快速分区操作步骤如下：

步骤1 首先，在软件的任务栏中找到"快速分区"按钮，如图7-69所示。

步骤2 进入快速分区界面，可以自由设置分区表类型、分区数目、每个分区的大小和卷标等参数，以新建4个容量相同的分区为例，单击"确定"按钮。如图7-70所示。

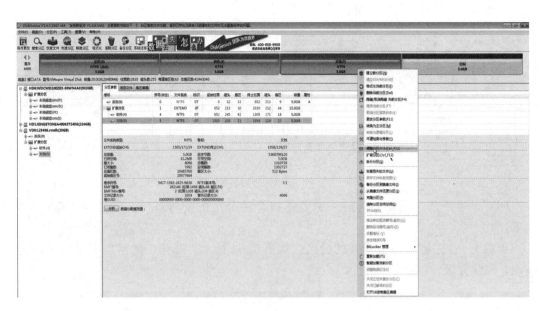

图 7-65　"调整分区大小"选项

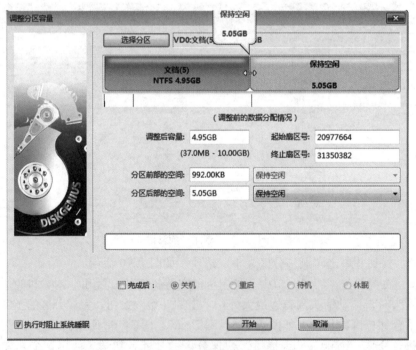

图 7-66　调整分区容量

步骤3　快速分区后，结果如图 7-71 所示。

DiskGenius 不仅提供了硬盘分区的功能，同时也提供了重建磁盘主引导记录、系统迁移、文件的删除与恢复、虚拟硬盘及映像文件的功能，操作和使用方法较简单，这里不再赘述。

图 7-67 开始分区

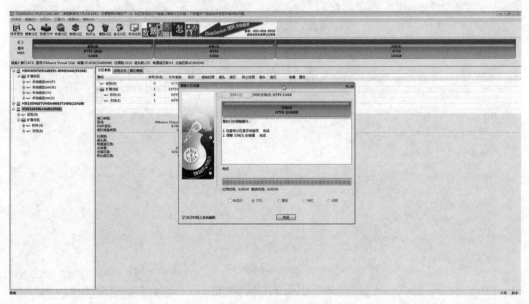

图 7-68 调整后容量

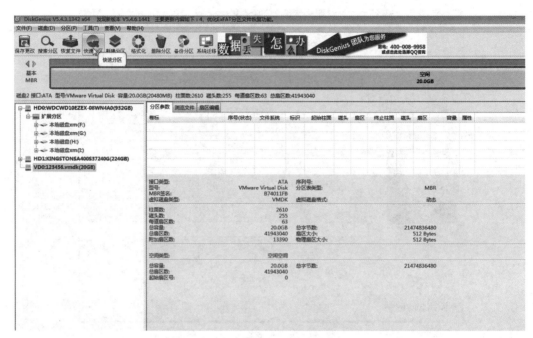

图 7-69 快速分区

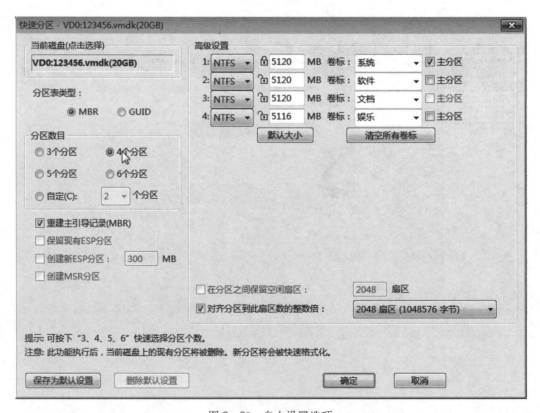

图 7-70 自由设置选项

项目七 系统安装及管理软件

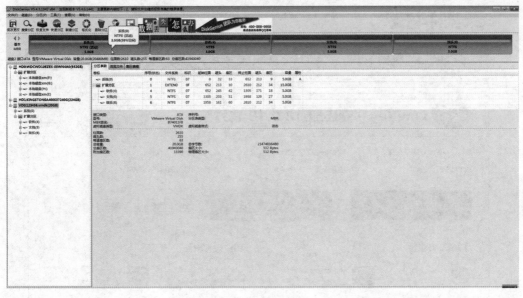

图 7 - 71　分区完成

任务 5　系统备份与还原

🌐 任务概述

Symantec Ghost，它是美国赛门铁克公司推出的一款出色的磁盘备份还原工具，在 Windows XP 年代，几乎没有一个网管人员或计算机维护人员不使用 Ghost。Windows 下的 Ghost 已经完全抛弃了原有的基于 DOS 环境的内核，其"Hot Image"技术可以让用户直接在 Windows 环境下，对系统分区进行热备份而无须关闭 Windows 系统；它新增的增量备份功能，可以将磁盘上新近变更的信息添加到原有的备份镜像文件中去，不必再反复执行整盘备份的操作；它还可以在不启动 Windows 的情况下，通过光盘启动来完成分区的恢复操作。

💻 任务重点与实施

1. 获取　获取 Ghost 可以通过第三方下载网站进行下载，目前市面上有很多也很成熟的 Ghost 备份软件，用户可以自行选择，此处以"OneKey 一键还原"软件为例介绍 Ghost 使用方法。如图 7 - 72 所示。

2. 安装　打开"OneKey 一键还原"文件所在的磁盘位置，双击打开软件，如图 7 - 73 所示。

3. 使用

（1）备份。操作步骤如下：

步骤 1　打开"OneKey 一键还原"，进入主界面，然后单击菜单界面的"一键备份"

图 7-72　云奥科技软件下载界面

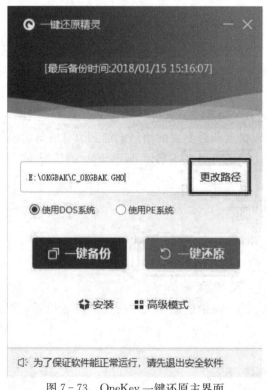

图 7-73　OneKey 一键还原主界面

项目七　系统安装及管理软件

即可，如图 7-74 所示。

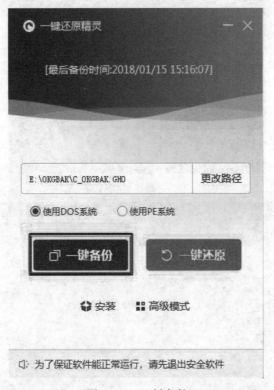

图 7-74　一键备份

步骤 2　屏幕中就会弹出提示"程序将立即重启电脑并执行备份操作"，确定路径无误之后单击"确定"按钮即可，如图 7-75 所示。

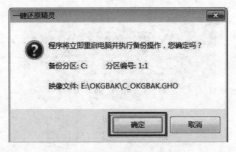

图 7-75　"确认"选项

步骤 3　等待计算机重启之后，在系统选择界面有一个"Onekey Recovery Genius"选项，计算机将会自动选择这个选项并进入到备份系统的操作中，如图 7-76 所示。

步骤 4　等待备份完成即可，如图 7-77 所示。

（2）还原。操作步骤如下：

步骤 1　进入"OneKey 一键还原"主菜单界面，会在软件窗口看到最后一次计算机备份系统的时间，单击窗口界面当中的"一键还原"即可，如图 7-78 所示。

步骤 2　这时系统会弹出提示"程序将立即重启电脑并执行还原操作"，确认无误之

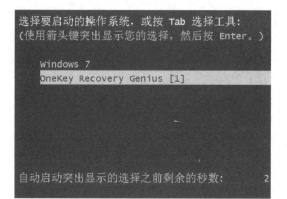

图 7-76　"操作系统启动"选项

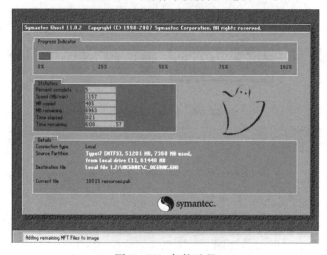

图 7-77　备份过程

图 7-78　一键还原

后只需单击"确定"按钮即可，如图 7-79 所示。

图 7-79 "确认"选项

步骤 3 等待计算机重新启动之后，在系统选择界面当中会有一个"Onekey Recovery Genius"选项，计算机会自动选择这个选项并进入到还原系统的操作过程中，如图 7-80 所示。

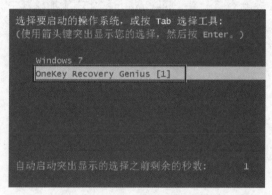

图 7-80 "操作系统启动"选项

步骤 4 等待系统还原，如图 7-81 所示，系统还原完成之后会自动启动计算机。

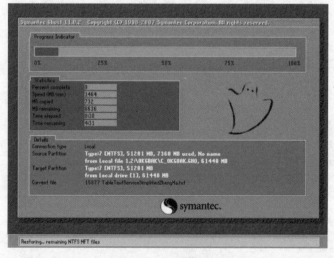

图 7-81 还原过程

项目七

系统安装及管理软件

➡项目小结

通过本项目的学习，读者应重点掌握以下知识：

（1）掌握虚拟机软件 VMware Workstation 使用方法。

（2）学会使用大白菜制作系统安装 U 盘。

（3）学会使用驱动总裁对系统驱动进行安装、备份。

（4）理解磁盘分区，能够使用分区软件对硬盘进行合理分区和调整。

（5）熟练掌握系统备份及还原软件的使用方法。

➡项目习题

（1）下载并安装 VMware Workstation，并创建 Windows 10 虚拟系统。

（2）使用大白菜软件制作系统安装 U 盘。

（3）下载并安装驱动总裁，对计算机进行安全体检，安装或者升级驱动。

（4）下载并安装硬盘分区软件 DiskGenius，对计算机硬盘进行重新分区。

（5）下载并安装 Onekey 一键还原软件，对计算机系统进行备份操作。

图书在版编目（CIP）数据

信息技术实用软件 / 钟倩，许鸿儒，田帅主编．—
北京：中国农业出版社，2023.8（2024.2 重印）
ISBN 978-7-109-31013-1

Ⅰ.①信⋯　Ⅱ.①钟⋯ ②许⋯ ③田⋯　Ⅲ.①软件工
具　Ⅳ.①TP311.561

中国国家版本馆 CIP 数据核字（2023）第 154285 号

中国农业出版社出版
地址：北京市朝阳区麦子店街 18 号楼
邮编：100125
责任编辑：王庆宁
版式设计：王　晨　　责任校对：吴丽婷
印刷：北京通州皇家印刷厂
版次：2023 年 8 月第 1 版
印次：2024 年 2 月北京第 3 次印刷
发行：新华书店北京发行所
开本：787mm×1092mm　1/16
印张：11.75
字数：268 千字
定价：39.90 元
